Copyright © Ulf Georgson, 2023

Alle Rechte vorbehalten. Keine Teile dieses Buches dürfen ohne Genehmigung des Verlags kopiert, verteilt oder in irgendeiner Form veröffentlicht werden.

Dies ist ein Nachschlage Werk, bei der alle Ereignisse und Charaktere in diesem Buch völlig erfunden sind.
Jegliche Ähnlichkeit mit tatsächlichen Personen ist rein zufällig.
Cover gestaltet von Ulf Georgson

Liebe Leserinnen und Leser,

willkommen, zu " Kraftfahrzeug-Technik für Jedermann: Einfache Erklärungen und Tricks für den täglichen Gebrauch! Dieses Buch ist für alle gedacht, die sich für Autos und ihre Technik begeistern. Ob Sie nun ein erfahrener Mechaniker sind oder einfach nur mehr über das Innenleben Ihres Fahrzeugs erfahren möchten - hier werden Sie fündig.

In den kommenden Kapiteln werden wir uns mit den verschiedenen Bestandteilen eines Autos auseinandersetzen und ihre Funktionen erklären. Von der Technik des Motors über das Getriebe und die Bremsanlage bis hin zur Elektronik und dem Fahrwerk - kein Thema bleibt unbeackert.

Mit verständlichen Erklärungen und anschaulichen Grafiken werden wir Ihnen die Kraftfahrzeugtechnik einfach und verständlich näherbringen. So werden Sie am Ende des Buches nicht nur mehr über die Technik Ihres Fahrzeugs wissen, sondern auch ein besseres Verständnis für die Zusammenhänge haben.

Inhalt:

1. Einführung in die Kraftfahrzeugtechnik
2. Funktionsweise des Motors
3. Antrieb und Übertragung
4. Brems- und Fahrwerkstechnik
5. Elektronische Systeme im Fahrzeug
6. Konnektivität und Infotainment
7. Kraftstoff- und Emissionssysteme
8. Karosserie- und Sicherheitstechnik
9. Licht- und Sichttechnik
10. Reifen- und Rädertechnik
11. Wartung und Pflege des Fahrzeugs
12. Fahrzeugdiagnostik
13. Tuning und Leistungssteigerung
14. Alternative Antriebstechnologien
15. Zukunft der Kraftfahrzeugtechnik

Kapitel 1: Einführung in die Kraftfahrzeugtechnik

Seit ihrer Erfindung im 19. Jahrhundert haben Kraftfahrzeuge das Leben von Milliarden von Menschen auf der ganzen Welt verändert. Sie haben uns die Freiheit gegeben, überall hinzufahren, ohne uns auf öffentliche Verkehrsmittel oder Pferdekutschen verlassen zu müssen. Die Automobilindustrie hat sich im Laufe der Jahre rasant entwickelt und immer neue Technologien und Innovationen hervorgebracht.

Die Kraftfahrzeugtechnik umfasst alle Bereiche, die für die Konstruktion, den Betrieb und die Wartung von Fahrzeugen erforderlich sind. Dazu gehören die Mechanik, die Elektrotechnik, die Materialwissenschaft und die Informatik.

Was ist Kraftfahrzeugtechnik

Kraftfahrzeugtechnik ist ein umfassendes Fachgebiet, das sich mit der Entwicklung, Konstruktion, Produktion und dem Betrieb von Kraftfahrzeugen beschäftigt. Diese Technik hat in den letzten Jahrzehnten rasante Fortschritte gemacht und ist mittlerweile ein wichtiger Bestandteil unseres täglichen Lebens.

Ein Kraftfahrzeug besteht aus vielen verschiedenen Komponenten, die alle perfekt aufeinander abgestimmt sein müssen, um eine sichere und zuverlässige Fahrt zu gewährleisten. Hierzu gehören beispielsweise der Motor, die Kraftübertragung, die Fahrwerkstechnik, die Elektrik und Elektronik sowie die Karosserie.

Ein wichtiger Aspekt der Kraftfahrzeugtechnik ist auch die Forschung und Entwicklung von neuen Technologien, die den Betrieb von Fahrzeugen noch sicherer, effizienter und umweltfreundlicher gestalten. Hierbei spielen beispielsweise Hybrid- und Elektromotoren eine wichtige Rolle, die eine Reduzierung des Kraftstoffverbrauchs und der Emissionen ermöglichen.

Die Kraftfahrzeugtechnik ist also ein spannendes und vielseitiges Fachgebiet, das ständig weiterentwickelt wird und einen wichtigen Beitrag zu unserem modernen Leben leistet. Ob als Ingenieur, Konstrukteur oder Techniker - die Karrieremöglichkeiten in diesem Bereich sind vielfältig und bieten spannende Herausforderungen für alle, die sich für Technik und Innovation begeistern

Das erste Automobil, das je gebaut wurde, war ein unscheinbares Fahrzeug mit Dampfantrieb. Es war jedoch der Beginn einer Revolution, die die Welt verändern und die Art und Weise, wie wir reisen, verändern sollte. Die Automobiltechnologie hat sich seit den Anfängen rasant entwickelt und ist heute ein integraler Bestandteil unseres täglichen Lebens.

Anfang des 20. Jahrhunderts war das Automobil ein luxuriöses Gut, das nur von den Reichen und Berühmten gekauft wurde. Es war ein Symbol für den Wohlstand und die Moderne. Mit der Zeit wurden jedoch immer mehr Automobile gebaut und sie wurden zu einem wichtigen Bestandteil des öffentlichen Verkehrs. Die Technologie entwickelte sich schnell weiter und bald waren die ersten Benzinfahrzeuge auf den Straßen unterwegs.

Während des Zweiten Weltkriegs wurde die Automobiltechnologie für militärische Zwecke genutzt und es wurden viele neue Technologien entwickelt. Nach dem Krieg setzte sich die Entwicklung der Automobile fort und es wurden immer mehr Modelle mit verbesserten Funktionen auf den Markt gebracht.

In den 1960er Jahren kamen die ersten Elektroautos auf den Markt, aber sie waren zu dieser Zeit noch nicht sehr verbreitet. Es dauerte noch einige Jahrzehnte, bis sie wirklich populär wurden. Heute sind Elektroautos ein wichtiger Teil des öffentlichen Verkehrs und haben die Art und Weise, wie wir reisen, erneut verändert.

Die Automobiltechnologie hat sich in den letzten Jahrzehnten rasant weiterentwickelt und es gibt heute viele neue Funktionen, die das Reisen sicherer, bequemer und effizienter machen. Es gibt automatisierte Fahrsysteme, die das Auto selbstständig steuern können, und es gibt immer mehr Hybrid- und Elektrofahrzeuge auf den Straßen.

Die Zukunft der Automobiltechnologie ist voller Möglichkeiten und es werden sicherlich noch viele weitere Veränderungen und Fortschritte stattfinden. Eines ist jedoch sicher: Das Automobil wird auch in Zukunft ein wichtiger Teil unseres täglichen Lebens bleiben und es wird uns weiterhin auf neue Abenteuer und Entdeckungen führen.

Entwicklung der Kraftfahrzeugtechnik

Die Geschichte der Kraftfahrzeugtechnik ist eine Geschichte des Fortschritts und der Innovation. Von den ersten Dampfautos bis hin zu den fortschrittlichen elektrischen Fahrzeugen von heute hat sich die Technologie rasant entwickelt.

Am Anfang war das Automobil noch ein luxuriöses Gut, das nur von wenigen Leuten besessen werden konnte. Doch mit der Zeit wurde es immer erschwinglicher und es entstand eine wachsende Nachfrage nach Fahrzeugen, die sicher, bequem und zuverlässig waren.

Während des Zweiten Weltkriegs wurde die Kraftfahrzeugtechnik für militärische Zwecke genutzt und es wurden viele neue Technologien entwickelt. Nach dem Krieg setzte sich die Entwicklung der Kraftfahrzeuge fort und es wurden immer mehr Modelle mit verbesserten Funktionen auf den Markt gebracht.

In den 1970er Jahren kamen die ersten Hybridfahrzeuge auf den Markt, die sowohl einen Verbrennungsmotor als auch einen Elektromotor hatten. Diese Fahrzeuge waren ein wichtiger Schritt in Richtung einer umweltfreundlicheren Zukunft.

Heute sind Elektrofahrzeuge ein wichtiger Teil der Kraftfahrzeugindustrie. Sie sind leise, emissionsfrei und bieten eine hervorragende Leistung. Es gibt immer mehr Modelle auf dem Markt und sie werden immer erschwinglicher.

Die Zukunft der Kraftfahrzeugtechnik ist voller Möglichkeiten. Es wird immer mehr autonome Fahrzeuge geben, die fähig sind, selbstständig zu fahren. Und es wird immer mehr elektrische Fahrzeuge geben, die noch effizienter und umweltfreundlicher werden.

Die Entwicklung der Kraftfahrzeugtechnik hat unser Leben bereits auf viele Arten verändert und es wird spannend sein zu sehen, wie sie sich in Zukunft weiterentwickelt. Eines ist sicher: Die Zukunft wird voller neuer Möglichkeiten und Entdeckungen sein, die durch die Kraftfahrzeugtechnik ermöglicht werden.

Funktionsweise des Motors

Ein wesentlicher Bestandteil jedes Kraftfahrzeugs ist der Motor. Der Motor ist dafür verantwortlich, die Energie aus dem Kraftstoff in Bewegungsenergie umzuwandeln und das Fahrzeug in Bewegung zu setzen.

Es gibt zwei grundlegende Arten von Motoren: Verbrennungsmotoren und Elektromotoren. Verbrennungsmotoren werden durch den Brennstoffbetrieb angetrieben, während Elektromotoren durch den Strom aus einer Batterie angetrieben werden.

Ein Verbrennungsmotor besteht aus einem Zylinder, einem Kolben und einem Zündsystem. Der Brennstoff wird in den Zylinder injiziert und durch einen Funken entzündet. Dies verursacht eine Explosion, die den Kolben nach oben drückt. Der Kolben ist an eine Kurbelwelle angeschlossen, die die Energie auf das Getriebe überträgt, das die Bewegungsenergie auf die Räder überträgt.

Ein Elektromotor besteht aus einer Rotorwelle, Statorwicklungen und einer Steuereinheit. Der Strom fließt durch die Statorwicklungen und erzeugt ein magnetisches Feld, das den Rotor dazu veranlasst, sich zu drehen. Die Drehbewegung wird dann auf das Getriebe übertragen, das die Bewegungsenergie auf die Räder überträgt.

Egal ob Verbrennungs- oder Elektromotor, beide Systeme haben ihre Vor- und Nachteile. Verbrennungsmotoren sind bekannt für ihre Leistung und Reichweite, während Elektromotoren emissionsfrei und oft effizienter sind.

Es ist wichtig zu verstehen, wie ein Motor funktioniert, um seine Stärken und Schwächen besser einschätzen zu können. Die Wahl des richtigen Motors hängt von den individuellen Bedürfnissen und Vorlieben ab. Doch eins ist sicher: Ohne den Motor wäre das Kraftfahrzeug nur ein stummer Metallkasten.

Arten von Motoren

Motoren sind das Herzstück jedes Kraftfahrzeugs und es gibt eine Vielzahl von Arten, die für verschiedene Anwendungen verwendet werden. Hier sind einige der gängigsten Arten von Motoren:

- Otto-Motor: Dies ist der am häufigsten verwendete Typ von Verbrennungsmotor für PKW. Es handelt sich hierbei um einen Viertaktmotor, bei dem jeder Zylinder einen vollständigen Arbeitszyklus durchläuft, bevor der nächste Zylinder beginnt.

- Dieselmotor: Dies ist ein anderer Typ von Verbrennungsmotor, der hauptsächlich in Lastkraftwagen und Lieferwagen eingesetzt wird. Der Dieselmotor verwendet einen höheren Druck und eine höhere Temperatur, um den Brennstoff zu verbrennen, was ihm eine höhere Effizienz verleiht.

- Elektromotor: Dies ist ein motor, der ausschließlich durch Elektrizität angetrieben wird. Elektromotoren sind besonders effizient und emissionsfrei, aber ihre Reichweite ist aufgrund der begrenzten Kapazität der Batterie beschränkt.

- Hybridmotor: Dies ist eine Kombination aus einem Verbrennungsmotor und einem Elektromotor. Der Verbrennungsmotor lädt die Batterie auf, während der Elektromotor das Fahrzeug unterstützt und die Effizienz erhöht.

- Brennstoffzellenmotor: Dies ist ein Elektromotor, der durch eine Brennstoffzelle anstatt einer Batterie angetrieben wird. Die Brennstoffzelle wandelt den Brennstoff in Elektrizität um, die den Elektromotor antreibt.

Jeder dieser Motortypen hat seine eigenen Vor- und Nachteile und die Wahl hängt von den spezifischen Bedürfnissen und Vorlieben ab. Ob man einen sparsamen und effizienten Elektromotor oder einen leistungsstarken Verbrennungsmotor bevorzugt, das Angebot ist vielfältig. Es ist wichtig zu verstehen, welcher Motor am besten zu den individuellen Bedürfnissen passt, um eine informierte Wahl zu treffen.

Wie funktioniert ein Verbrennungsmotor?

Ein Verbrennungsmotor ist ein Motor, der Energie durch die Verbrennung von Brennstoff und Luft erzeugt. Es gibt viele verschiedene Arten von Verbrennungsmotoren, aber alle funktionieren auf grundlegend ähnliche Weise.

- Aufnahme: Die Aufnahme ist ein Kanal, durch den Luft in den Motor gelangt.

- Zylinder: Der Zylinder ist ein Teil des Motors, in dem die Verbrennung stattfindet. Es gibt in der Regel mehrere Zylinder in einem Motor, die unabhängig voneinander arbeiten.
- Kolben: Der Kolben ist ein bewegliches Teil im Zylinder, das sich auf und ab bewegt, um die Verbrennung zu steuern.
- Ventile: Ventile öffnen und schließen, um den Eintritt und das Entweichen von Luft und Brennstoff zu steuern.
- Brennstoffeinspritzung: Der Brennstoff wird in den Zylinder injiziert, wo er mit der Luft mischt und verbrennt.
- Zündung: Eine elektrische Zündung entzündet den Brennstoff und löst die Verbrennung aus.
- Ausstoß: Die Verbrennung erzeugt eine heiße Gaswolke, die den Kolben antreibt und die verbrauchte Luft und Abgase durch den Auspuff ausstößt.

- Kurbelwelle: Die Bewegung des Kolbens wird durch die Kurbelwelle auf das Getriebe übertragen, das die Kraft auf die Räder des Fahrzeugs überträgt.

Dies ist ein vereinfachter Überblick über die Funktionsweise eines Verbrennungsmotors. Die tatsächliche Technologie ist viel komplexer und es gibt viele weitere Komponenten und Systeme, die für die reibungslose Funktion eines Verbrennungsmotors erforderlich sind. Trotzdem zeigt diese einfache Darstellung, wie Brennstoff und Luft in Bewegungsenergie umgewandelt werden, um ein Kraftfahrzeug anzutreiben.

Wie funktioniert ein Elektromotor?

Ein Elektromotor ist ein Motor, der elektrische Energie in Bewegungsenergie umwandelt. Es gibt viele verschiedene Arten von Elektromotoren, aber alle funktionieren auf grundlegend ähnliche Weise.

- Hier ist eine einfache Erklärung der Funktionsweise eines Elektromotors:
- Stromquelle: Eine Stromquelle, wie eine Batterie oder ein Generator, liefert elektrischen Strom an den Motor.
- Elektrischer Strom: Der elektrische Strom fließt durch Drähte und trifft auf die Rotorenwicklungen.
- Rotor: Der Rotor ist ein beweglicher Teil des Elektromotors, der sich aufgrund der elektrischen Kraft dreht.
- Stator: Der Stator ist ein feststehender Teil des Elektromotors, der den Rotor umgibt und magnetische Felder erzeugt.
- Magnetische Felder: Die magnetischen Felder, die durch den Stromfluss in den Rotorenwicklungen erzeugt werden, wechseln sich mit den magnetischen Feldern im Stator ab.

- Kraft: Die wechselnden magnetischen Felder erzeugen eine elektrische Kraft, die den Rotor antreibt und ihn zur Drehung bringt.
- Bewegungsenergie: Die drehende Bewegung des Rotors wird über eine Kupplung oder ein Getriebe auf andere Teile des Fahrzeugs übertragen, um Bewegungsenergie zu erzeugen.

Dies ist ein vereinfachter Überblick über die Funktionsweise eines Elektromotors. Die tatsächliche Technologie ist viel komplexer und es gibt viele weitere Komponenten und Systeme, die für die reibungslose Funktion eines Elektromotors erforderlich sind. Trotzdem zeigt diese einfache Darstellung, wie elektrische Energie in Bewegungsenergie umgewandelt wird, um ein Kraftfahrzeug anzutreiben.

Antrieb und Übertragung

Der Antrieb und die Übertragung sind zwei wichtige Komponenten eines Kraftfahrzeugs, die für dessen Bewegung und Leistung verantwortlich sind. Ohne diese Systeme wäre es unmöglich, ein Fahrzeug sicher und zuverlässig zu steuern.

Der Antrieb des Fahrzeugs wird von einem Motor erzeugt. Dieser kann ein Verbrennungs- oder ein Elektromotor sein. Der Verbrennungsmotor nutzt Kraftstoffe wie Benzin oder Diesel, um Bewegungsenergie zu erzeugen, während der Elektromotor elektrische Energie verwendet.

Die Übertragung ist verantwortlich für die Übertragung der Bewegungsenergie vom Motor zu den Rädern des Fahrzeugs. Hierfür wird ein Getriebe verwendet, das die Kraft des Motors auf die Räder überträgt. Je nach Art des Getriebes kann die Kraft unterschiedlich übertragen werden, um unterschiedliche Geschwindigkeiten und Leistungen zu ermöglichen.

Eine weitere wichtige Komponente der Übertragung ist die Kupplung. Diese ermöglicht es dem Fahrer, die Übertragung des Antriebs anzuhalten, ohne den Motor abzustellen. Dies ist zum Beispiel beim Anhalten des Fahrzeugs oder beim Schalten von einem Gang zum nächsten erforderlich.

In diesem Kapitel werden wir die Funktionsweise des Antriebs und der Übertragung detailliert erläutern und die wichtigsten Komponenten wie den Verbrennungsmotor, das Getriebe und die Kupplung genauer untersuchen. Außerdem werden wir auf die verschiedenen Arten von Motoren und Getrieben eingehen und erklären, wie sie die Leistung und Effizienz eines Fahrzeugs beeinflussen.

Getriebearten

Das Getriebe ist ein wichtiger Bestandteil des Antriebssystems eines Kraftfahrzeugs und verantwortlich für die Übertragung der Bewegungsenergie vom Motor zu den Rädern. Es gibt verschiedene Arten von Getrieben, die sich in ihrer Funktionsweise und Anwendung unterscheiden.

Eines der häufigsten Getriebearten ist das manuelle Getriebe. Hierbei wählt der Fahrer selbst die Übersetzung mittels eines Schalthebels und einer Kupplung. Diese Art von Getriebe ist in vielen älteren Fahrzeugen zu finden und bietet dem Fahrer eine höhere Kontrolle über das Fahrzeug.

Das Automatikgetriebe ist eine weitere häufig verwendete Art von Getriebe. Hierbei wählt ein Computersystem automatisch die richtige Übersetzung aus, ohne dass der Fahrer eingreifen muss. Dies erleichtert das Fahren, insbesondere in Stadtverkehr, und kann zu einer höheren Effizienz führen.

Das Continuously Variable Transmission (CVT) Getriebe ist eine weitere moderne Art von Getriebe, das eine stufenlose Übersetzung ermöglicht. Dies bedeutet, dass der Antrieb des Fahrzeugs kontinuierlich und ohne Unterbrechungen an die Bedürfnisse des Fahrers angepasst werden kann.

Es gibt auch Getriebearten, die speziell für bestimmte Anwendungen entwickelt wurden, wie beispielsweise das Doppelsynchrongetriebe für die Rennsportanwendung oder das Portalgetriebe für Geländefahrzeuge.

Differential

Ein Differential ist ein Bauteil in einem Kraftfahrzeug, das dafür sorgt, dass die Antriebskraft auf alle Räder gleichmäßig verteilt wird. Es ist ein wichtiger Bestandteil des Antriebsstrangs und hat einen entscheidenden Einfluss auf das Fahrverhalten und die Stabilität des Fahrzeugs.

Das Differential wurde erstmals im 19. Jahrhundert eingesetzt, als die ersten Automobile entstanden. Seitdem hat sich die Technik ständig weiterentwickelt und es gibt heute verschiedene Arten von Differentialen, die je nach Anforderungen und Einsatzgebieten ausgewählt werden können.

Eines der wichtigsten Funktionen des Differentials ist die Verteilung der Antriebskraft auf beide Hinterräder. Dies ermöglicht es dem Fahrzeug, auch bei Kurvenfahrt sicher und stabil zu bleiben. Ohne Differential würde das innere Hinterrad bei Kurvenfahrt weniger Kraft bekommen und das äußere Hinterrad schneller drehen. Dies würde zu einem Verlust der Stabilität führen und das Fahrzeug könnte ins Schleudern geraten.

Ein weiterer wichtiger Aspekt des Differentials ist die Traktion. Es sorgt dafür, dass das Fahrzeug bei nassen oder rutschigen Straßenbedingungen eine bessere Griffigkeit hat. Dies ist besonders wichtig bei schnellen Fahrten oder bei schwierigen Geländebedingungen.

Ein Differential kann auch für verschiedene Fahrzeugtypen und Einsatzgebiete angepasst werden. So gibt es beispielsweise ein sperrbares Differential, das besonders für Geländefahrzeuge geeignet ist, oder ein Torsen-Differential, das für Straßensportfahrzeuge entwickelt wurde.

In unserer heutigen Zeit spielt das Differential auch eine wichtige Rolle bei der elektrischen Antriebsstrang-Technologie. Es ermöglicht es, dass der elektrische Antrieb auf alle Räder gleichmäßig verteilt wird, was zu einer besseren Leistung und Effizienz beiträgt.

Es ist wichtig, dass das Differential in regelmäßigen Abständen überprüft und gewartet wird, um sicherzustellen, dass es in einwandfreiem Zustand bleibt und seine Funktionen optimal erfüllt. Eine falsche Wartung oder ein Defekt am Differential kann zu schwerwiegenden Problemen führen, die sowohl die Leistung als auch die Sicherheit des Fahrzeugs beeinträchtigen können.

Ein weiteres interessantes Kapitel in der Geschichte des Differentials ist seine Anwendung in Rennfahrzeugen. Hier wird es oft so eingestellt, dass es die Leistung des Fahrzeugs verbessert und es den Fahrern ermöglicht, auf der Rennstrecke noch schneller zu fahren. Dies erfordert jedoch ein hohes Maß an Fachwissen und Erfahrung, um das Differential richtig einzustellen.

Insgesamt kann man sagen, dass das Differential ein faszinierendes und komplexes Bauteil im Kraftfahrzeug ist, das eine entscheidende Rolle bei der Leistung, Stabilität und Sicherheit des Fahrzeugs spielt. Es ist ein wichtiger Aspekt der Automobiltechnologie, der ständig weiterentwickelt wird, um den Anforderungen der Fahrer und der Straßenbedingungen gerecht zu werden.

Allradantrieb

Der Allradantrieb, auch bekannt als 4-Wheel-Drive oder 4WD, ist ein System, bei dem die Kraft auf alle vier Räder des Fahrzeugs verteilt wird. Dies hat den Vorteil, dass das Fahrzeug auf schwierigem Gelände oder bei schlechten Straßenbedingungen besser fahren kann. Es erhöht auch die Stabilität und Traktion des Fahrzeugs, was es sicherer macht.

Ein Allradantriebssystem besteht aus einer Reihe von Komponenten, die miteinander verbunden sind, um die Kraft von der Antriebswelle auf die Räder zu übertragen. Dazu gehören das Differential, die Antriebswellen, die Übertragung und die Antriebsachse. Jede dieser Komponenten arbeitet zusammen, um sicherzustellen, dass das Fahrzeug optimalen Vortrieb hat und dass die Kraft gleichmäßig auf alle vier Räder verteilt wird.

Der Allradantrieb hat in den letzten Jahren an Popularität gewonnen, insbesondere bei SUVs und Geländewagen. Viele Menschen schätzen die zusätzliche Traktion und Stabilität, die er bietet, besonders wenn sie auf schlechtem Gelände fahren oder bei schlechtem Wetter.

Insgesamt kann man sagen, dass der Allradantrieb ein wertvolles und nützliches System ist, das vielen Fahrern mehr Sicherheit und Kontrolle bietet, insbesondere bei schlechten Straßenbedingungen. Es ist jedoch wichtig, dass man versteht, wie es funktioniert, und dass man es regelmäßig wartet, um sicherzustellen, dass es stets in einwandfreiem Zustand bleibt.

Kapitel 4: Brems- und Fahrwerkstechnik

Die Brems- und Fahrwerkstechnik spielen eine entscheidende Rolle für die Sicherheit und Leistung eines Kraftfahrzeugs. Die Bremsen sorgen dafür, dass das Fahrzeug schnell und sicher zum Stillstand kommt, während das Fahrwerk für die Stabilität und Handhabbarkeit des Fahrzeugs verantwortlich ist.

Ein moderner Bremsensystem besteht aus mehreren Komponenten, einschließlich Bremsbelägen, Bremsscheiben, Bremszylindern und Bremsleitungen. Jede dieser Komponenten arbeitet zusammen, um eine ausreichende Bremsleistung zu gewährleisten.

Das Fahrwerk besteht aus Federn, Stoßdämpfern, Schraubenfedern und Lenkungsmechanismen. Es sorgt für eine gute Straßenlage und ermöglicht eine angenehme und sichere Fahrt. Die Qualität des Fahrwerks beeinflusst auch die Stabilität des Fahrzeugs und die Fähigkeit des Fahrers, das Auto zu kontrollieren.

Es ist wichtig, dass sowohl das Brems- als auch das Fahrwerkssystem regelmäßig überprüft und gewartet werden, um sicherzustellen, dass sie immer in einwandfreiem Zustand sind. Ein Defekt an einem dieser Systeme kann zu schwerwiegenden Problemen führen, die sowohl die Leistung als auch die Sicherheit des Fahrzeugs beeinträchtigen können.

Insgesamt kann man sagen, dass die Brems- und Fahrwerkstechnik zwei wichtige Aspekte der Automobiltechnologie sind, die entscheidend für die Sicherheit und Leistung eines Fahrzeugs sind. Es ist wichtig, dass man versteht, wie sie funktionieren, und dass man sie regelmäßig wartet, um sicherzustellen, dass sie immer in einwandfreiem Zustand sind.

Bremsarten

Es gibt verschiedene Arten von Bremsen, die in Kraftfahrzeugen eingesetzt werden, um eine sichere Verzögerung zu gewährleisten. Hier sind einige der gängigsten Bremsarten:

- Trommelbremsen: Trommelbremsen sind eine der ältesten Bremsarten und werden in älteren Fahrzeugen und LKWs eingesetzt. Sie bestehen aus einer Bremstrommel, die durch eine Bremsbackenpresse gegen die Reifen gedrückt wird, um eine Verzögerung zu erzeugen.

- Scheibenbremsen: Scheibenbremsen sind die häufigste Bremsart in modernen Kraftfahrzeugen. Sie bestehen aus einer Bremsscheibe, die von Bremsbelägen gegriffen wird, um eine Verzögerung zu erzeugen. Scheibenbremsen sind leistungsstärker und bieten eine bessere Verzögerung als Trommelbremsen.

- Regenerative Bremsen: Regenerative Bremsen nutzen die Bewegungsenergie des Fahrzeugs, um elektrische Energie zurück in den Akku zu leiten. Dies ist eine sehr effiziente Methode, um Energie zu speichern, und ist in vielen elektrisch angetriebenen Fahrzeugen verfügbar.

- ABS-Bremsen: ABS steht für Anti-Blockier-System. ABS-Bremsen verhindern, dass die Räder beim Bremsen blockieren, was eine bessere Kontrolle und Lenkbarkeit des Fahrzeugs ermöglicht.
- EBD-Bremsen: EBD steht für Elektronische Bremskraftverteilung. EBD-Bremsen regulieren die Bremskraft an jedem Rad, um eine gleichmäßige Verzögerung zu gewährleisten.

Jede dieser Bremsarten hat ihre eigenen Vor- und Nachteile und eignet sich für bestimmte Anwendungen und Fahrzeugtypen. Es ist wichtig, dass man versteht, welche Bremsart für sein Fahrzeug am besten geeignet ist, um eine optimale Bremsleistung und Sicherheit zu gewährleisten.

Funktionsweise des Fahrwerks

Das Fahrwerk eines Kraftfahrzeugs ist dafür verantwortlich, die Reifen mit dem Straßenbelag in Verbindung zu bringen und eine gleichmäßige Straßenlage und Stabilität zu gewährleisten. Hier ist eine kurze Übersicht über die Funktionsweise des Fahrwerks:

- Stoßdämpfer: Stoßdämpfer dämpfen die Bewegungen des Fahrzeugs, wenn es über Unebenheiten auf der Straße fährt. Sie verhindern, dass das Fahrzeug stark schaukelt und garantieren eine angenehme Fahrt.

- Federung: Die Federung ist dafür verantwortlich, dass das Fahrzeug auf der Straße ausbalanciert bleibt. Sie absorbiert Stöße und Unebenheiten in der Straße und gewährleistet eine gleichmäßige Straßenlage.

- Lenkung: Die Lenkung verbindet das Lenkrad mit den Vorderrädern und ermöglicht es dem Fahrer, das Fahrzeug zu steuern.

- Reifen: Reifen sind die einzige Verbindung des Fahrzeugs zur Straße. Sie müssen eine ausreichende Haftung auf der Straße gewährleisten, um eine sichere Fahrt zu ermöglichen.

- Achsen: Die Achsen verbinden die Räder miteinander und tragen das gesamte Gewicht des Fahrzeugs.

- Stabilisatoren: Stabilisatoren sind ein Teil des Fahrwerks und helfen, das Fahrzeug stabil auf der Straße zu halten. Sie verhindern, dass das Fahrzeug übermäßig schlingert oder kippt.

- Radaufhängung: Die Radaufhängung ist ein Teil des Fahrwerks und hält die Räder am Fahrzeug befestigt. Es besteht aus Gelenken, Lagerbuchsen und Federn, die zusammen arbeiten, um die Reibung zwischen dem Fahrzeug und den Reifen zu reduzieren.

- Dämpfung: Die Dämpfung reguliert die Geschwindigkeit, mit der die Federung arbeitet und hilft, die Kontrolle über das Fahrzeug zu behalten.

Das Fahrwerk ist ein wichtiger Bestandteil eines Kraftfahrzeugs und muss regelmäßig überprüft und gewartet werden, um eine sichere und angenehme Fahrt zu gewährleisten.

Federung und Dämpfung

Federung und Dämpfung sind zwei wichtige Komponenten, die für das reibungslose Funktionieren eines Kraftfahrzeugs unerlässlich sind. Sie beeinflussen nicht nur die Fahrqualität, sondern auch die Stabilität und Sicherheit des Fahrzeugs.

Federung dient dazu, Stöße und Unebenheiten der Straße aufzufangen, um eine gleichmäßige Fahrt zu gewährleisten. Die Federung besteht aus Federn und Dämpfern, die den Wagen in einer vorbestimmten Weise auf und ab bewegen, um Stöße zu absorbieren.

Dämpfung hingegen sorgt dafür, dass die Bewegungen des Wagens nach Absorption einer Störung abgebremst werden. Ohne Dämpfung würde das Fahrzeug nach Absorption einer Störung weiterhin unkontrolliert schwingen, was zu Instabilität und Unsicherheit führen würde.

Es gibt verschiedene Arten von Federungen und Dämpfern, die für verschiedene Typen von Kraftfahrzeugen entwickelt wurden. Jede Art von Federung und Dämpfung hat ihre eigenen Stärken und Schwächen, und es ist wichtig, dass das richtige System für das jeweilige Fahrzeug ausgewählt wird.

Ein Beispiel für eine häufig verwendete Art von Federung ist die Schraubenfederung. Diese besteht aus einer Spiralfeder, die um eine Stange gewickelt ist, und einem Dämpfer, der die Bewegungen des Wagens dämpft. Dieses System ist einfach zu konstruieren und preisgünstig, aber es ist nicht so effektiv bei der Absorption von Stößen wie andere Systeme.

Ein Beispiel für eine hochmoderne Federung ist die Luftfederung. Diese verwendet Luftkammern statt Federn, um Stöße zu absorbieren. Diese Systeme sind teurer, aber sie bieten eine bessere Fahrqualität und können an die Bedürfnisse des Fahrers angepasst werden.

Federung und Dämpfung sind also entscheidende Komponenten, die für eine reibungslose und sichere Fahrt eines Kraftfahrzeugs sorgen. Es ist wichtig, dass diese Systeme regelmäßig gewartet werden, um sicherzustellen, dass sie stetig funktionieren und das Fahrzeug sicher bleibt. Eine schlecht funktionierende Federung oder Dämpfung kann zu Instabilität des Fahrzeugs, Unkontrollierbarkeit bei Kurvenfahrten und erhöhter Gefahr von Unfällen führen.

Ein weiterer wichtiger Faktor bei der Wahl der richtigen Federung und Dämpfung ist das Gewicht des Fahrzeugs. Je schwerer das Fahrzeug, desto stärker müssen die Federung und Dämpfung sein, um die Bewegungen des Wagens zu kontrollieren.

Es ist auch wichtig, die Art der Straßen und die Art des Fahrens zu berücksichtigen, bevor man eine Entscheidung trifft. Ein Geländewagen, der für Off-Road-Fahrten verwendet wird, benötigt eine andere Federung und Dämpfung als ein Stadtwagen, der hauptsächlich auf Straßen gefahren wird.

Abschließend kann gesagt werden, dass Federung und Dämpfung eine entscheidende Rolle bei der Leistung und Sicherheit eines Kraftfahrzeugs spielen. Es ist wichtig, dass sie sorgfältig ausgewählt und regelmäßig gewartet werden, um eine sichere und angenehme Fahrt zu gewährleisten.

Kapitel 5: Elektronische Systeme im Fahrzeug

Die moderne Automobilindustrie hat in den letzten Jahrzehnten einen rasanten technologischen Fortschritt erlebt. Einer der wichtigsten Faktoren, die zu diesem Fortschritt beigetragen haben, sind die elektronischen Systeme im Fahrzeug. Diese Systeme sind integraler Bestandteil jedes modernen Autos und beeinflussen maßgeblich die Fahrqualität, die Sicherheit und den Komfort.

Eines der wichtigsten elektronischen Systeme im Fahrzeug ist das Fahrerassistenzsystem. Dieses System umfasst eine Vielzahl von Funktionen, die dem Fahrer dabei helfen, sicher und bequem zu fahren. Dazu gehören beispielsweise der Abstandsregeltempomat, der die Geschwindigkeit des Autos automatisch an das vorausfahrende Fahrzeug anpasst, oder der Totwinkel-Assistent, der den Fahrer vor unsichtbaren Hindernissen im toten Winkel warnt.

Ein weiteres wichtiges elektronisches System im Fahrzeug ist das Infotainmentsystem. Dieses System ermöglicht es dem Fahrer und den Passagieren, Musik, Filme, Navigation und andere Funktionen unterwegs zu nutzen. Die meisten Infotainmentsysteme sind heute mit Touchscreens und intelligenten Sprachsteuerungen ausgestattet, die eine einfache und intuitive Bedienung ermöglichen.

Auch die elektronische Motorsteuerung spielt eine wichtige Rolle im modernen Auto. Dieses System überwacht und regelt die Funktion des Motors und sorgt dafür, dass er optimal arbeitet. Dank der elektronischen Motorsteuerung können Autos heute effizienter und umweltfreundlicher fahren.

Die moderne Elektronik im Fahrzeug hat jedoch auch ihre Herausforderungen. Eine der größten Herausforderungen ist die Integrität der elektronischen Systeme. Diese Systeme sind sehr komplex und können durch Störungen, Cyberangriffe oder technische Fehler beeinträchtigt werden. Deshalb ist es wichtig, dass die Autohersteller und Zulieferer kontinuierlich an der Verbesserung der Integrität ihrer Systeme arbeiten, um sicherzustellen, dass die Fahrzeuge sicher und zuverlässig bleiben.

Zusammenfassend lässt sich sagen, dass die elektronischen Systeme im Fahrzeug eine entscheidende Rolle in der modernen Automobilindustrie spielen und den Fahrern und Passagieren viele Vorteile bieten. Sie verbessern die Fahrqualität, die Sicherheit und den Komfort und ermöglichen neue Funktionen und Möglichkeiten. Trotz ihrer Vorteile stellen sie jedoch auch Herausforderungen dar, insbesondere in Bezug auf die Integrität der Systeme.

In Zukunft werden die elektronischen Systeme im Fahrzeug weiter an Bedeutung gewinnen und neue Technologien werden eingeführt werden. Ein Beispiel dafür ist die zunehmende Verbreitung von autonomen Fahrzeugen, die auf komplexen elektronischen Systemen basieren. Auch im Bereich des Elektroantriebs wird es weitere Fortschritte geben, insbesondere bei der Energieeffizienz und der Reichweite.

Es ist wichtig, dass die Autohersteller und Zulieferer weiter in die Entwicklung und Verbesserung der elektronischen Systeme im Fahrzeug investieren, um den Bedürfnissen der Fahrer und Passagiere gerecht zu werden und die Automobilindustrie weiter voranzubringen. Dies wird auch dazu beitragen, die Herausforderungen zu bewältigen und die Integrität der Systeme zu gewährleisten.

Fahrzeugelektronik

Elektronische Systeme im Fahrzeug sind ein unverzichtbarer Bestandteil des modernen Autos. Sie beeinflussen nicht nur den Komfort, sondern auch die Sicherheit und Effizienz des Fahrzeugs. In den letzten Jahren hat die Fahrzeugelektronik eine rasante Entwicklung durchgemacht und ist heute ein wichtiger Faktor bei der Wahl eines neuen Autos.

Die Fahrzeugelektronik umfasst eine Vielzahl von Anwendungen, die sich in vier Hauptbereiche unterteilen lassen: Antriebssysteme, Infotainment-Systeme, Kommunikations- und Navigationssysteme sowie Sicherheitssysteme und Fahrerassistenzsysteme.

Das Antriebssystem ist ein wichtiger Teil der Fahrzeugelektronik. Es umfasst die elektronischen Steuerungen, die den Kraftstoffverbrauch und die Leistung des Motors optimieren. Ein modernes Antriebssystem verfügt über eine Vielzahl von Funktionen, die es dem Fahrer ermöglichen, den Kraftstoffverbrauch zu minimieren und gleichzeitig ein angenehmes Fahrerlebnis zu genießen.

Infotainment-Systeme dienen dem Unterhaltungsbedarf des Fahrers und seiner Beifahrer. Diese Systeme ermöglichen es, Musik, Filme oder Navigationshinweise auf einem großen Bildschirm im Auto anzeigen zu lassen. Sie sind in der Lage, Daten aus dem Internet zu empfangen und bieten eine einfache Bedienung.

Kommunikations- und Navigationssysteme sind ebenfalls wichtige Bestandteile der Fahrzeugelektronik. Sie ermöglichen es dem Fahrer, während der Fahrt telefonieren oder Nachrichten versenden zu können. Außerdem kann der Fahrer mit einem Navigationssystem sicher und zügig sein Ziel erreichen.

Sicherheitssysteme und Fahrerassistenzsysteme sind ein besonders wichtiger Bereich der Fahrzeugelektronik. Diese Systeme können bei einer drohenden Kollision eingreifen und das Auto automatisch abbremsen. Sie können auch den Abstand zum vorausfahrenden Auto überwachen und den Fahrer warne, wenn eine Kollision droht.

Diese Beispiele zeigen, wie wichtig die Fahrzeugelektronik für das moderne Auto ist. Die Autoindustrie investiert kontinuierlich in die Weiterentwicklung und Verbesserung der elektronischen Systeme, um den steigenden Bedarf nach Komfort, Sicherheit und Effizienz zu befriedigen.

Dennoch birgt die zunehmende Verlagerung auf elektronische Systeme auch einige Herausforderungen. Eine der größten Herausforderungen ist die Sicherheit. Denn mit der zunehmenden Vernetzung von Systemen erhöht sich auch das Risiko eines Cyberangriffs. Daher ist es wichtig, dass die Autohersteller die Sicherheit ihrer Systeme sorgfältig überwachen und geeignete Maßnahmen ergreifen, um sicherzustellen, dass die Daten und Systeme des Autos geschützt sind.

Eine weitere Herausforderung ist die Kompatibilität der Systeme. Da die Autohersteller ihre eigenen elektronischen Systeme entwickeln, müssen sie sicherstellen, dass diese Systeme auch mit anderen Systemen kompatibel sind. Dies ist besonders wichtig, wenn es um die Integration von Fahrerassistenzsystemen geht, die bei einer Kollision eingreifen müssen.

Schließlich müssen Autohersteller auch den Preis im Auge behalten. Während die technologischen Fortschritte in der Fahrzeugelektronik zweifellos zu einer verbesserten Sicherheit und Effizienz führen, können sie auch den Preis des Autos erhöhen. Daher ist es wichtig, dass die Autohersteller einen geeigneten Preis für ihre Systeme festlegen, um sicherzustellen, dass ihre Produkte für die Kunden erschwinglich bleiben.

Insgesamt spielen elektronische Systeme im Fahrzeug eine zentrale Rolle bei der Gestaltung und dem Betrieb moderner Autos. Obwohl es noch Herausforderungen gibt, die es zu bewältigen gilt, werden die elektronischen Systeme in den kommenden Jahren sicherlich eine wichtige Rolle bei der Gestaltung der Zukunft des Automobils spielen.

Sensoren und Aktoren

Sensoren und Aktoren sind zentrale Komponenten in elektronischen Systemen im Fahrzeug. Sensoren sind Geräte, die Informationen über die Umgebung des Fahrzeugs sammeln, während Aktoren Geräte sind, die auf diese Informationen reagieren und Eingriffe in das Fahrzeug vornehmen.

Ein Beispiel für den Einsatz von Sensoren und Aktoren ist das Antiblockiersystem (ABS). ABS-Sensoren überwachen ständig die Geschwindigkeit der Räder und übermitteln diese Informationen an einen Computer, der entscheidet, ob eine Bremsblockade droht. Wenn eine Bremsblockade droht, greift das ABS-System ein und regelt die Bremskraft, um eine Blockade zu verhindern.

Ein weiteres Beispiel ist das elektronische Stabilitätsprogramm (ESP). ESP-Sensoren überwachen ständig das Verhalten des Fahrzeugs und übermitteln diese Informationen an einen Computer, der entscheidet, ob eine Kontrolle erforderlich ist. Wenn eine Kontrolle erforderlich ist, regelt das ESP-System die Bremsen und den Motor, um das Fahrzeug wieder unter Kontrolle zu bringen.

Sensoren und Aktoren spielen auch eine wichtige Rolle bei der Gestaltung von automatisierten Fahrfunktionen, wie z.B. dem autonomen Fahren. In diesem Kontext sammeln Sensoren Informationen über die Umgebung des Fahrzeugs und übermitteln diese Informationen an einen Computer, der dann Entscheidungen trifft und Aktionen ausführt, um das Fahrzeug sicher und effizient zu steuern.

Elektronische Stabilitätskontrolle (ESC)

Fahrzeugen, das dazu beiträgt, das Fahrverhalten und die Stabilität eines Fahrzeugs zu verbessern. Dieses System verwendet eine Kombination aus Sensoren, Aktoren und einem Computer, um das Fahrzeug in Echtzeit zu überwachen und auf mögliche Instabilitäten oder Gefahrensituationen zu reagieren.

Die ESC-Sensoren sind an verschiedenen Stellen im Fahrzeug installiert und messen unter anderem die Geschwindigkeit und die Richtung des Fahrzeugs, die Neigung des Fahrzeugs, die Geschwindigkeiten der einzelnen Räder und die Stellung des Lenkrads. Diese Informationen werden in Echtzeit an den ESC-Computer gesendet, der die Daten analysiert und entscheidet, wie das Fahrzeug auf eine mögliche Instabilität oder Gefahrensituation reagieren soll.

Ein wichtiger Bestandteil des ESC-Systems sind die Aktoren, die die Reaktionen des Systems auf die Daten aus den Sensoren ausführen. Diese Aktoren können die Bremskraft auf ein oder mehrere Räder verteilen, die Motormechanik beeinflussen oder sogar das Lenken des Fahrzeugs beeinflussen. Diese Aktionen werden in Millisekunden ausgeführt und tragen dazu bei, das Fahrzeug unter Kontrolle zu bringen und eine Gefahrensituation zu vermeiden.

ESC unterstützt auch eine Vielzahl von Fahrfunktionen, darunter das Übersteuern, das Untersteuern und das Ausbrechen des Hinterrads. Wenn das System eine Gefahrensituation erkennt, wird es sofort aktiv und kann durch die Verteilung der Bremskraft und die Regelung der Motormechanik das Fahrzeug wieder unter Kontrolle bringen. Diese schnelle Reaktion kann Unfälle verhindern und dazu beitragen, dass das Fahrzeug sicher und stabil bleibt, selbst bei schwierigen Straßenbedingungen.

ESC hat in den letzten Jahren erheblich zur Verbesserung der Fahrsicherheit beigetragen. Durch die Integration von ESC in neue Fahrzeuge wird das Risiko von Unfällen und Verkehrsstörungen reduziert und es wird eine bessere und sicherere Fahrerfahrung geboten. Darüberhinaus gibt es auch andere elektronische Systeme im Fahrzeug, die eng mit der ESC zusammenarbeiten, um eine noch bessere Fahrsicherheit zu gewährleisten. Hierzu gehören beispielsweise das Antiblockiersystem (ABS), das elektronische Bremskraftverteilung (EBD), das elektronische Traktionskontrolle (ETC) und das elektronische Fahrwerkregelung (EFC).

ABS sorgt dafür, dass die Räder des Fahrzeugs nicht blockieren, wenn der Fahrer plötzlich bremsen muss. Dies kann dazu beitragen, dass das Fahrzeug schneller zum Stillstand kommt und dass der Fahrer besser kontrollieren kann, wohin das Fahrzeug geht. EBD und ETC arbeiten eng mit dem ABS zusammen, um eine optimale Brems- und Traktionskontrolle zu gewährleisten. EFC hilft dabei, die Stabilität des Fahrzeugs auf unebenen Straßen und bei schnellen Kurvenfahrten zu verbessern.

Zusammen bilden diese elektronischen Systeme ein Netzwerk von Technologien, das dazu beiträgt, dass Fahrzeuge sicherer und komfortabler sind. Die Integration neuester Technologien und die ständige Weiterentwicklung dieser Systeme tragen dazu bei, dass die Fahrsicherheit weiter verbessert wird und dass moderne Fahrzeuge immer sicherer werden.

Kapitel 6: Konnektivität und Infotainment

In den letzten Jahren hat die Konnektivität und das Infotainment in Fahrzeugen einen enormen Sprung nach vorne gemacht. Diese Technologien ermöglichen es den Fahrern, auf unterhaltsame und nützliche Funktionen zuzugreifen, während sie unterwegs sind.

Die meisten neueren Fahrzeuge sind mit einer Vielzahl von Konnektivitätsfunktionen ausgestattet, die es den Fahrern ermöglichen, ihr Smartphone oder andere mobile Geräte mit dem Fahrzeug zu verbinden. Hierzu gehören beispielsweise Funktionen wie Bluetooth, USB-Anschlüsse und WLAN. Diese Funktionen ermöglichen es den Fahrern, ihre Musik und andere Medieninhalte über das Fahrzeug-Soundsystem wiederzugeben, Anrufe zu tätigen und zu empfangen, sowie mit dem Fahrzeug-Navigationssystem zu interagieren.

Infotainment-Systeme bieten den Fahrern auch Zugang zu einer Vielzahl von Unterhaltungs- und Informationsdiensten, einschließlich Musikstreaming-Diensten, Nachrichten- und Wetter-Apps, sowie sozialen Medien. Diese Funktionen können entweder über einen integrierten Touchscreen oder über Sprachsteuerung bedient werden.

Ein weiteres wichtiges Merkmal der Konnektivität im Fahrzeug ist die Möglichkeit, Daten zu sammeln und zu analysieren. Diese Daten können von den Sensoren und Aktoren im Fahrzeug stammen, aber auch von externen Quellen wie beispielsweise Verkehrsinformationen. Diese Daten können dazu beitragen, die Effizienz des Fahrzeugs zu verbessern, den Fahrer bei der Navigation zu unterstützen und das Fahrerlebnis insgesamt zu verbessern.

Car-to-X-Kommunikation

Die Car-to-X-Kommunikation stellt einen wichtigen Schritt in Richtung einer vernetzten und intelligenten Verkehrsinfrastruktur dar. Durch die Kommunikation zwischen Fahrzeugen und der Verkehrsinfrastruktur können viele Vorteile für den Fahrer und den Verkehr insgesamt generiert werden.

Eines der wichtigsten Anwendungsfelder der Car-to-X-Kommunikation ist die Verkehrssicherheit. Durch den Austausch von Informationen über Verkehrssituationen, Unfälle, Straßensperrungen und andere wichtige Faktoren können Fahrer frühzeitiger gewarnt und auf gefährliche Situationen vorbereitet werden. Dadurch kann die Zahl von Unfällen und Verletzten reduziert werden.

Ein weiteres wichtiges Anwendungsgebiet der Car-to-X-Kommunikation ist die Effizienzsteigerung im Verkehr. Indem Fahrzeuge Informationen über den Verkehr und die Verkehrssituationen teilen, kann die Verkehrsströmung optimiert und Staus vermieden werden. Dies kann dazu beitragen, die Verkehrszeiten zu verkürzen und die Effizienz des Verkehrs zu verbessern.

Des Weiteren kann die Car-to-X-Kommunikation dazu beitragen, Emissionen im Verkehr zu reduzieren. Indem Verkehrsereignisse frühzeitiger erkannt und der Verkehr intelligenter gesteuert wird, kann Energie gespart und Abgase reduziert werden.

Neben den Vorteilen für den Verkehr bietet die Car-to-X-Kommunikation auch Vorteile für den Fahrer. So kann beispielsweise durch den Austausch von Informationen über freie Parkplätze das Parkplatzsuchen erleichtert werden. Außerdem können Fahrer durch die Integration von Informations- und Unterhaltungssystemen im Auto eine bessere Fahrerfahrung genießen.

Multimediasysteme im Fahrzeug

Multimediasysteme im Fahrzeug haben sich in den letzten Jahren zu einem wichtigen Bestandteil der Fahrzeugelektronik entwickelt. Sie bieten dem Fahrer und den Passagieren nicht nur Unterhaltung, sondern auch eine Vielzahl von praktischen Funktionen und Dienstleistungen, die das Reisen bequemer und sicherer machen.

Ein wichtiger Faktor bei der Entwicklung von Multimediasystemen im Fahrzeug ist die Konnektivität. Durch die Verbindung des Fahrzeugs mit dem Internet können Informationen in Echtzeit bereitgestellt werden, wie beispielsweise Verkehrsbedingungen, Wetterprognosen und Nachrichten. Darüber hinaus kann das Fahrzeug mit anderen Geräten, wie Smartphones und Tablets, gekoppelt werden, um eine Vielzahl von Funktionen bereitzustellen, wie beispielsweise Musikstreaming und Navigation.

Ein weiterer Faktor ist die fortschreitende Entwicklung von Benutzeroberflächen und Bedienungskonzepten. Automobilhersteller investieren viel Zeit und Ressourcen, um sicherzustellen, dass die Multimediasysteme im Fahrzeug einfach zu bedienen und intuitiv sind. Dies ermöglicht es dem Fahrer, sich auf die Straße zu konzentrieren, während er gleichzeitig die Funktionen des Multimediasystems nutzt.

Ein weiterer wichtiger Aspekt ist die Integration von KI-Technologie in Multimediasysteme. Mit der Fähigkeit, Daten und Vorlieben des Benutzers zu erfassen und zu analysieren, können Multimediasysteme im Fahrzeug personalisiert werden und eine bessere Benutzererfahrung bieten. Dies beinhaltet beispielsweise das automatische Abspielen von Musik, die auf den Geschmack und die Vorlieben des Fahrers abgestimmt ist, sowie die Integration von Sprachsteuerung und Augmented Reality-Anwendungen.

In Zukunft werden Multimediasysteme im Fahrzeug noch weiter an Bedeutung gewinnen und eine wichtige Rolle bei der Schaffung einer smarten und vernetzten Mobilität spielen. Automatisierte Funktionen und die Möglichkeit, Daten und Informationen auszutauschen, werden dazu beitragen, das Reisen sicherer und angenehmer zu gestalten.

Navigations- und Unterhaltungssysteme

Moderne Navigationssysteme nutzen GPS-Technologie, um die genaue Lage des Fahrzeugs zu bestimmen, und berechnen die beste Route zum Ziel. Sie können auch Verkehrsinformationen und Umleitungen berücksichtigen, um eine schnelle und effiziente Reise zu gewährleisten. Einige Systeme bieten auch die Möglichkeit, Points of Interest (POI) wie Tankstellen, Restaurants und Hotels anzuzeigen.

Unterhaltungssysteme im Fahrzeug sind in der Regel mit Lautsprechern und Bildschirmen ausgestattet und können Musik, Filme, Podcasts und mehr abspielen. Manche Systeme bieten auch die Möglichkeit, telefonische Anrufe zu tätigen oder Nachrichten zu hören, während andere Systeme die Verbindung mit dem Internet ermöglichen, um soziale Medien, E-Mails und mehr zu überprüfen.

In der Tat gibt es immer mehr Funktionen, die in Navigations- und Unterhaltungssysteme integriert werden, um das Fahrerlebnis noch angenehmer zu gestalten. Einige Systeme bieten beispielsweise Sprachsteuerung, um die Hände des Fahrers frei zu halten und eine sicherere Fahrt zu gewährleisten. Die Sprachsteuerung ermöglicht es dem Fahrer, Musik abzuspielen, Nachrichten zu hören, Anrufe zu tätigen und mehr, ohne die Hände vom Steuer zu nehmen.

Ein weiteres Beispiel für eine fortgeschrittene Funktion ist die Verwendung von Augmented Reality (AR) in Navigationssystemen. AR-basierte Systeme nutzen die Kamera des Fahrzeugs, um ein Bild der Straße zu erfassen, und fügen dann virtuelle Informationen wie Straßennamen, Richtungspfeile und mehr hinzu. Dies kann dazu beitragen, dass sich der Fahrer besser orientiert und sicher an sein Ziel gelangt.

Infotainment-Systeme können auch mit anderen Systemen im Fahrzeug integriert werden, wie z.B. der Klimaanlage oder den Fensterhebersystemen. So kann beispielsweise über ein einfaches Bedienfeld im Armaturenbrett die Klimaanlage gesteuert werden, ohne dass der Fahrer die Hände vom Steuer nehmen muss.

Insgesamt ist es wichtig zu erwähnen, dass Navigations- und Unterhaltungssysteme ein integraler Bestandteil des modernen Fahrzeugs sind und dass ihre Entwicklung immer weiter voranschreitet. Während sie eine erhebliche Verbesserung des Fahrerlebnisses darstellen, ist es wichtig, sicherzustellen, dass sie sicher und verantwortungsbewusst genutzt werden, um Ablenkungen während der Fahrt zu vermeiden.

Kapitel 7: Kraftstoff- und Emissionssysteme

Kraftstoff- und Emissionssysteme sind wichtige Komponenten jedes modernen Fahrzeugs, da sie dazu beitragen, den Kraftstoffverbrauch und die Emissionen zu optimieren.

Das Kraftstoffsystem besteht aus verschiedenen Komponenten wie dem Kraftstofftank, den Kraftstoffpumpen, den Kraftstoffleitungen und dem Kraftstofffilter. Es ist dafür verantwortlich, den Kraftstoff aus dem Tank in den Motor zu transportieren und sicherzustellen, dass er sauber und frei von Verunreinigungen ist.

Das Emissionssystem hingegen ist dafür verantwortlich, die Emissionen aus dem Abgas des Motors zu reduzieren. Es besteht aus Komponenten wie dem Katalysator, dem Lambdasondensystem und dem Abgaskrümmer. Diese Systeme arbeiten zusammen, um Schadstoffe wie Stickoxid und Kohlenmonoxid aus den Abgasen zu entfernen und somit eine sauberere Umwelt zu schaffen.

Es ist wichtig zu beachten, dass moderne Kraftstoff- und Emissionssysteme ständig weiterentwickelt werden, um den Kraftstoffverbrauch und die Emissionen weiter zu reduzieren und den Anforderungen an die Umweltfreundlichkeit gerecht zu werden. Dies kann dazu beitragen, den Treibstoffverbrauch und die Kosten zu reduzieren und gleichzeitig eine sauberere Umwelt zu schaffen.

Arten von Kraftstoffen

Kraftstoffe können in verschiedene Kategorien eingeteilt werden, je nach ihrer Zusammensetzung und ihren Eigenschaften. Die häufigsten Arten von Kraftstoffen sind:

- Benzin: Es ist eine leichtentzündliche, brennbare Flüssigkeit, das hauptsächlich aus Kohlenwasserstoffen besteht. Es ist einer der am weitesten verbreiteten Kraftstoffe für Fahrzeuge und wird in Ottomotoren verwendet.

- Diesel: Es ist ein schwerer, klarer Kraftstoff, der aus Rohöl gewonnen wird. Es ist einer der am weitesten verbreiteten Kraftstoffe für Dieselmotoren und ist bekannt für seine höhere Effizienz und seinen geringeren Kraftstoffverbrauch im Vergleich zu Benzin.

- Erdgas (CNG): Es ist ein brennbarer Gaskraftstoff, der hauptsächlich aus Methan besteht. Es ist eine umweltfreundlichere Alternative zu Benzin und Diesel, da es bei der Verbrennung weniger Schadstoffe produziert.

- Flüssiger Brennstoff (LPG): Es ist ein brennbarer Kraftstoff, der aus Propan und Butan gewonnen wird. Es ist eine preisgünstige Alternative zu Benzin und Diesel und wird hauptsächlich in LKWs und Taxis verwendet:

- Elektroenergie: Es ist ein rein elektrischer Kraftstoff, der in Elektrofahrzeugen verwendet wird. Es ist eine der umweltfreundlichsten Kraftstoffoptionen, da es keine Schadstoffe produziert und keine Abhängigkeit von fossilen Brennstoffen hat.

Es ist wichtig zu beachten, dass jeder Kraftstoff seine eigenen Vorteile und Nachteile hat und dass die Wahl des richtigen Kraftstoffs von vielen Faktoren abhängt, wie z.B. der Art des Motors, dem gewünschten Leistungsniveau und den persönlichen Vorlieben und Bedürfnissen.

Abgasreinigungssysteme

Die Abgasreinigung im Fahrzeug ist ein wichtiger Aspekt der Automobiltechnologie, da es dazu beiträgt, die Emissionen von Schadstoffen in die Umwelt zu reduzieren. Die Abgasreinigung hat in den letzten Jahrzehnten große Fortschritte gemacht und umfasst heute eine Vielzahl von Systemen, die darauf abzielen, die Abgase von Kraftfahrzeugen sauberer und umweltfreundlicher zu machen.

Ein wichtiger Bestandteil der Abgasreinigung ist der Katalysator. Dieses Gerät wurde erstmals in den 1970er Jahren eingesetzt und hat seitdem seine Wirksamkeit erheblich verbessert. Der Katalysator wandelt giftige Gase wie Stickoxide und Kohlenmonoxid in ungiftige Substanzen um, indem er die Gase durch eine Reihe von chemischen Reaktionen zerlegt.

Ein weiteres wichtiges System ist das Abgasrückführungssystem (EGR). Dieses System führt Stickoxide aus dem Abgas zurück in den Brennraum des Motors, wodurch die Emissionen von Stickoxiden reduziert werden, und der Kraftstoffverbrauch des Fahrzeugs verbessert wird.

Moderne Fahrzeuge sind auch mit Systemen ausgestattet, die unerwünschte Emissionen wie Schwefeloxid, Stickstoffoxid und Partikel aus den Abgasen entfernen. Ein Beispiel ist das selektive katalytische Reduktionssystem (SCR), bei dem Harnstoff (AdBlue) zugeführt wird, um den Stickoxidgehalt im Abgas zu reduzieren.

Es ist jedoch wichtig zu beachten, dass Elektro- und Hybridfahrzeuge, die keine Abgase ausstoßen, eine wachsende Alternative zu konventionellen Kraftfahrzeugen darstellen. Trotzdem bleibt es wichtig, dass konventionelle Kraftfahrzeuge mit Abgasreinigungssystemen ausgestattet sind, um die Umweltbelastung durch Kraftfahrzeuge zu minimieren.

Die Abgasreinigungstechnologie hat sich in den letzten Jahrzehnten rasant weiterentwickelt und wird sicherlich in Zukunft weiter verbessert werden. Während sich die Automobilbranche an die Herausforderungen der Reduzierung von Emissionen und der Erhaltung einer gesunden Umwelt anpasst, kann man sicher sein, dass die Abgasreinigung ein wichtiger Bestandteil der Automobiltechnologie bleiben wird.

Stickoxid-Reduktionstechnologien

Stickoxide (NOx) sind bei Verbrennungsmotoren ein bekanntes Emissionsproblem. Sie können zu verschiedenen negativen Auswirkungen auf die Umwelt und die Gesundheit führen, daher müssen sie reduziert werden.

Ein wichtiger Ansatz für die Reduktion von NOx-Emissionen ist die Stickoxid-Reduktionstechnologie. Diese Technologien nutzen unterschiedliche Methoden, um die Menge an Stickoxiden, die von einem Fahrzeug ausgestoßen werden, zu verringern. Einige dieser Technologien beinhalten:

- Abgasrückführung (EGR): EGR ist eine Technologie, bei der ein Teil des Abgases, das aus dem Motor ausgestoßen wird, wieder in den Brennraum zurückgeführt wird. Dies kann dazu beitragen, die Menge an Stickoxiden zu reduzieren, da es den Sauerstoffgehalt im Brennraum verringert und somit die Stickoxidbildung verhindert.

- SCR-Systeme (Selective Catalytic Reduction): Diese Systeme nutzen eine spezielle Flüssigkeit, genannt AdBlue, um Stickoxide in Stickstoff und Wasser zu zersetzen. Die Flüssigkeit wird in einer separaten Kammer im Abgasrohr eingesetzt und tritt mit den Abgasen in Kontakt, um die Stickoxide zu reduzieren.

- TWC-Systeme (Three-Way-Catalysts): TWC-Systeme sind Katalysatoren, die Stickoxide, Kohlenmonoxid und unvollständig verbrannte Kraftstoffe in Stickstoff, Kohlenstoffdioxid und Wasser zersetzen. Diese Systeme sind in den meisten modernen Fahrzeugen standardmäßig eingebaut.

Stickoxid-Reduktionstechnologien sind wichtig für die Reduzierung von Emissionen und die Verbesserung der Luftqualität. Es ist jedoch wichtig zu beachten, dass sie eine bestimmte Wartung und Pflege benötigen, um ihre Effektivität zu gewährleisten.

Kapitel 8: Karosserie- und Sicherheitstechnik

Die Karosserie- und Sicherheitstechnik in modernen Fahrzeugen hat sich in den letzten Jahren stark entwickelt. Diese Technik spielt eine wichtige Rolle, um den Fahrer und die Insassen vor Verletzungen zu schützen. Hier sind einige der wichtigsten Technologien im Bereich Karosserie- und Sicherheitstechnik:

• Aktive Sicherheitssysteme: Aktive Sicherheitssysteme wie Antiblockiersysteme (ABS), elektronische Stabilitätskontrolle (ESC) und Traktionskontrolle (TCS) arbeiten in Echtzeit, um das Fahrzeug stabil zu halten und den Fahrer bei schwierigen Fahrsituationen zu unterstützen.

• Passive Sicherheitssysteme: Passive Sicherheitssysteme wie Airbags, Gurtstraffer und Kopfstützen schützen die Insassen im Falle eines Unfalls.

• Sicherheitsgurte: Sicherheitsgurte sind wichtig für die Passagiersicherheit, da sie den Körper während eines Unfalls in Position halten und Verletzungen verhindern.

- Kollisionswarnsysteme:
Kollisionswarnsysteme nutzen Sensoren, um den Fahrer vor einer bevorstehenden Kollision zu warnen und ihm Zeit zu geben, um reagieren zu können.

- Fahrerassistenzsysteme:
Fahrerassistenzsysteme wie Parkassistenten, adaptives Cruise Control und Lane Keeping Assistance unterstützen den Fahrer bei verschiedenen Fahrmanövern und erhöhen so die Sicherheit.

Mit der fortschreitenden Entwicklung der Karosserie- und Sicherheitstechnik können moderne Fahrzeuge immer besser auf den Schutz der Insassen ausgelegt werden. Diese Technologien tragen dazu bei, dass die Straßen sicherer werden und dass Verkehrsunfälle vermieden werden können.

Materialien für die Karosseriebau

Der Bau der Karosserie eines Fahrzeugs ist von großer Bedeutung für die Sicherheit der Insassen. Die Verwendung von hochwertigen Materialien ist entscheidend, um die notwendige Stabilität und Festigkeit zu gewährleisten. Traditionell wurden Stahl und Aluminium verwendet, aber in jüngster Zeit haben auch hochfeste Kunststoffe und Carbon-Faser-Verbundwerkstoffe an Bedeutung gewonnen.

Stahl ist ein robustes und langlebiges Material, das jedoch auch schwer und sperrig ist. Aluminium ist leichter, aber auch teurer und anfälliger für Korrosion. Kunststoffe sind in der Regel günstiger und leichter als Stahl, aber nicht so stabil. Carbon-Faser-Verbundwerkstoffe sind besonders leicht und stabil, aber auch sehr teuer.

Es ist wichtig, dass die Karosserie eines Fahrzeugs nicht nur stabil und sicher ist, sondern auch den Anforderungen bezüglich Design, Gewicht und Kosten gerecht wird. Daher müssen die Ingenieure die Materialauswahl sorgfältig abwägen und die jeweiligen Vor- und Nachteile berücksichtigen, um das bestmögliche Ergebnis zu erzielen.

Außerdem spielen auch Faktoren wie die Verformbarkeit und Bruchfestigkeit bei einem Aufprall eine wichtige Rolle bei der Materialauswahl. Es müssen auch Überlegungen angestellt werden, wie die Materialien im Fertigungsprozess bearbeitet und zusammengesetzt werden können.

Ein weiterer Faktor bei der Materialauswahl ist die Recyclingfähigkeit. Dies ist besonders wichtig, um die Umweltbelastung bei der Herstellung von Fahrzeugen zu minimieren und gleichzeitig Ressourcen zu schonen. Stahl und Aluminium sind beispielsweise sehr gut recyclebar, während einige Kunststoffe und Carbon-Faser-Verbundwerkstoffe schwieriger zu recyceln sind.

Die Karosserie- und Sicherheitstechnik hat sich in den letzten Jahrzehnten stark weiterentwickelt, und es gibt heute eine Vielzahl von Materialien und Technologien, die den Ingenieuren bei der Gestaltung sicherer und effizienter Fahrzeuge zur Verfügung stehen. Durch die Verwendung von Simulationen und Crashtests können die Ingenieure die Leistung der verschiedenen Materialien unter realistischen Bedingungen bewerten und die besten Lösungen identifizieren.

Insgesamt ist die Karosserie- und Sicherheitstechnik ein wichtiger Bereich im Bereich der Fahrzeugelektronik, und es ist wichtig, dass die Ingenieure und Designer ständig neue Technologien und Materialien evaluieren und nutzen, um sicherere und effizientere Fahrzeuge zu entwickeln.

Sicherheitsmerkmale im Fahrzeug

Eine der wichtigsten Aufgaben der Karosserie- und Sicherheitstechnik in Fahrzeugen ist es, den Insassen im Falle eines Unfalls optimalen Schutz zu bieten. Hierzu gibt es verschiedene Sicherheitsmerkmale, die in modernen Fahrzeugen integriert sind.

Eines dieser Merkmale ist das Airbag-System. Hierbei handelt es sich um eine Kombination aus verschiedenen Airbags, wie zum Beispiel Frontairbags, Seitenairbags oder Kopfairbags. Im Falle eines Unfalls werden diese Airbags ausgelöst und schützen den Insassen vor Verletzungen.

Ein weiteres wichtiges Sicherheitsmerkmal ist das Gurtsystem. Hierbei handelt es sich um einen sogenannten Drei-Punkt-Gurt, der den Insassen im Falle eines Unfalls sicher auf dem Sitz hält. Zusätzlich gibt es auch sogenannte Gurtstraffer und Gurtkraftbegrenzer, die dafür sorgen, dass der Gurt in einem Unfall nicht zu fest anliegt und somit den Insassen nicht einengt.

Des Weiteren gibt es auch aktive Sicherheitssysteme, wie beispielsweise das Anti-Blockier-System (ABS) oder das elektronische Stabilitätskontrollsystem (ESC). Diese Systeme unterstützen den Fahrer bei der Kontrolle des Fahrzeugs und helfen bei Bedarf, Unfälle zu vermeiden.

Abschließend gibt es auch sogenannte passive Sicherheitssysteme, wie zum Beispiel die Struktur des Fahrzeugrahmens oder die Verwendung von stabileren Materialien wie Aluminium oder Hochfestem Stahl. Diese Systeme sorgen dafür, dass das Fahrzeug im Falle eines Unfalls so robust wie möglich ist und den Insassen einen optimalen Schutz bietet.

Passive und aktive Sicherheitssysteme

Aktive Sicherheitssysteme nutzen häufig eine Kombination von Sensoren, wie Kameras, Radarsensoren oder Ultraschall, um die Umgebung des Fahrzeugs zu überwachen. Basierend auf den erfassten Daten kann das System dann schnelle und präzise Reaktionen auslösen, um einen Unfall zu verhindern oder die Auswirkungen zu minimieren.

Ein Beispiel für ein aktives Sicherheitssystem ist der Notbremsassistent. Dieses System überwacht den Abstand zu vorausfahrenden Fahrzeugen und warnt den Fahrer, wenn eine Kollision droht. Wenn der Fahrer nicht rechtzeitig reagiert, kann das System automatisch eine Notbremsung auslösen, um eine Kollision zu verhindern oder deren Auswirkungen zu mildern.

Ein weiteres Beispiel ist das Totwinkel-Warngerät. Dieses System nutzt Kameras oder Radarsensoren, um die Umgebung des Fahrzeugs zu überwachen und warnt den Fahrer, wenn ein Fahrzeug im toten Winkel ist. Auf diese Weise kann der Fahrer rechtzeitig auf den anderen Verkehrsteilnehmer reagieren und eine Kollision verhindern.

Neben den kamerabasierten Systemen gibt es auch andere Technologien, die aktiv zur Verbesserung der Sicherheit beitragen, wie beispielsweise das elektronische Stabilitätsprogramm (ESP) oder das antriebsunabhängige Sicherheitssystem (ABS). Diese Systeme arbeiten eng mit anderen elektronischen Systemen im Fahrzeug zusammen, um eine sichere Fahrt zu ermöglichen und Unfälle zu verhindern.

Insgesamt tragen aktive Sicherheitssysteme dazu bei, dass das Fahrverhalten des Fahrers unterstützt wird und Unfälle vermieden werden können. Sie sind daher ein wichtiger Bestandteil moderner Fahrzeugtechnik und tragen zu einer sichereren und angenehmeren Fahrt bei.

Kapitel 9: Licht- und Sichttechnik

Licht- und Sichttechnik sind entscheidende Faktoren für die Sicherheit im Straßenverkehr. Hierbei geht es um die optimale Ausleuchtung des Straßenbereichs und die perfekte Sichtbarkeit des Fahrers, um unerwartete Hindernisse oder andere Verkehrsteilnehmer frühzeitig erkennen zu können.

In moderne Fahrzeuge werden immer mehr innovative Technologien integriert, die das Fahrvergnügen und die Sicherheit verbessern sollen. Hierzu zählen beispielsweise adaptives Kurvenlicht, das sich automatisch an die Kurvenfahrt anpasst, oder LED-Tagfahrlicht, das den Wagen auch bei Tageslicht gut sichtbar macht.

Zusätzlich gibt es auch fortschrittliche Sichttechnologien wie Nachtsicht- oder Regensensor-Systeme, die dem Fahrer bei schlechten Lichtverhältnissen oder bei Regen eine bessere Sicht auf die Straße ermöglichen.

Eine weitere wichtige Technologie ist der Einsatz von Rückfahrkameras oder Parksensoren, die dem Fahrer beim Rangieren oder Parken eine bessere Übersicht über den Bereich hinter dem Auto geben und somit Unfälle verhindern können.

Insgesamt zeigt die Entwicklung in der Licht- und Sichttechnik, wie wichtig es ist, dass moderne Fahrzeuge mit fortschrittlicher Technik ausgestattet sind, um die Sicherheit im Straßenverkehr zu erhöhen.

Funktionsweise von Scheinwerfern

Die Funktionsweise von Scheinwerfern ist eng mit der Elektronik im Fahrzeug verbunden. In moderne Fahrzeugen sind die Scheinwerfer oft Teil eines elektronischen Lichtsystems, das automatisch ein- und ausgeschaltet wird, je nach Lichtverhältnissen und den Bedürfnissen des Fahrers.

Traditionelle Scheinwerfer bestehen aus einer Lichtquelle, meist einer Glühbirne oder LED, und einer Optik, die das Licht auf die Straße richtet. Moderne Scheinwerfer verfügen oft über adaptive Funktionen, bei denen das Licht automatisch an die Straßenbedingungen angepasst wird. Dies kann beispielsweise durch einen Regensensor oder einen Lichtsensor erfolgen.

Des Weiteren gibt es auch Scheinwerfer mit LED-Matrix-Technologie, bei denen eine Vielzahl von LED-Lichtpunkten verwendet werden, um ein besonders helles und gleichmäßiges Licht zu erzeugen. Diese Scheinwerfer sind in der Lage, bestimmte Bereiche des Straßenverlaufs zu beleuchten oder auszublenden, um den Fahrer zu unterstützen und andere Verkehrsteilnehmer zu schonen.

Die Reflektor- oder Projektoroptik sammelt das Licht der Lichtquelle und formt es zu einem gleichmäßigen Lichtstrahl, der auf die Straße gerichtet ist. Die Leuchte ist dafür verantwortlich, dass das Licht in die richtige Richtung gelenkt wird.

Moderne Scheinwerfer können auch mit einer elektronischen Steuerung ausgestattet sein, die es ermöglicht, das Licht automatisch anzupassen. Dies kann beispielsweise bei schlechten Sichtverhältnissen oder beim Einschalten des Abblendlichts der Fall sein.

Ein weiteres wichtiges Merkmal moderner Scheinwerfer ist die Möglichkeit, das Licht in die Kurve zu lenken, um so eine bessere Sicht beim Fahren auf kurvigen Straßen zu ermöglichen. Diese Funktion kann ebenfalls elektronisch gesteuert werden.

Insgesamt ist die Licht- und Sichttechnik ein wichtiger Faktor für die Sicherheit im Straßenverkehr und ein wesentlicher Bestandteil moderner Fahrzeugelektronik.

Kameratechnologie im Fahrzeug

Die Kameratechnologie im Fahrzeug hat in den letzten Jahren enorme Fortschritte gemacht und spielt eine wichtige Rolle bei der Verbesserung der Fahrsicherheit und Bequemlichkeit. Kameras werden in einer Vielzahl von Anwendungen eingesetzt, von der Rückfahrkamera bis zur 360-Grad-Surround-Ansicht.

Eine der häufigsten Anwendungen ist die Verwendung von Kameras zur Überwachung des hinteren Bereichs des Fahrzeugs, um beim Rückwärtsfahren Hindernisse zu erkennen. Diese Kameras senden ein Video-Signal an einen Monitor im Cockpit des Fahrzeugs, auf dem der Fahrer eine Live-Ansicht des hinteren Bereichs des Fahrzeugs sehen kann.

Weitere Anwendungen der Kameratechnologie im Fahrzeug sind adaptive Geschwindigkeitsregelung, Verkehrsschilderkennung und -warnung, Spurverlassenswarner, tote Winkel-Warner und Parkassistent.

Mit der fortschreitenden Entwicklung der Kameratechnologie werden wir auch in Zukunft immer mehr innovative Anwendungen sehen, die dazu beitragen werden, die Fahrsicherheit und Bequemlichkeit zu verbessern.

Rückfahrkameras und Parksensoren

Rückfahrkameras und Parksensoren sind wichtige Komponenten der heutigen Fahrzeugtechnologie. Sie helfen dem Fahrer, Hindernisse beim Rückwärtsfahren oder Parken zu erkennen und zu vermeiden. Rückfahrkameras liefern ein Videobild des Bereichs hinter dem Fahrzeug, während Parksensoren akustische Signale ausgeben, um den Fahrer auf mögliche Hindernisse aufmerksam zu machen.

Rückfahrkameras können in den Rückspiegel oder in das Infotainment-System des Fahrzeugs integriert werden. Sie nutzen eine Kamera, die auf die Rückseite des Fahrzeugs gerichtet ist, um ein Live-Bild auf dem Bildschirm des Fahrzeugs zu übertragen. Dies ist besonders hilfreich, wenn der Fahrer einen engen Parkplatz oder eine schwierige Einfahrt rückwärts anfährt.

Parksensoren arbeiten dagegen auf einer akustischen Basis. Sie senden Ultraschallwellen aus, die von nahegelegenen Hindernissen reflektiert werden. Die Signale werden dann von den Sensoren erfasst und an den Fahrer weitergegeben, indem akustische Signale ausgegeben werden. Diese Signale werden lauter, je näher das Fahrzeug an ein Hindernis kommt, was dem Fahrer hilft, das Hindernis frühzeitig zu erkennen und zu vermeiden.

Beide Technologien, Rückfahrkameras und Parksensoren, tragen dazu bei, dass das Parken und Rückwärtsfahren sicherer und einfacher wird. Außerdem helfen sie, Unfälle und Beschädigungen am Fahrzeug und an anderen Fahrzeugen oder Gegenständen zu vermeiden.

Kapitel 10: Reifen und Räder

Reifen und Räder spielen eine wichtige Rolle im Auto, da sie den Kontakt zur Straße herstellen und somit für die Stabilität, Lenkbarkeit und Bremsverhalten des Fahrzeugs verantwortlich sind. Moderne Autos verwenden unterschiedliche Typen von Reifen, je nachdem, für welchen Zweck sie verwendet werden sollen, wie beispielsweise Winterreifen für bessere Haftung auf Schnee und Eis oder Sommerreifen für höhere Geschwindigkeiten bei trockenem Wetter.

Räder können ebenfalls in verschiedenen Größen und Designs erhältlich sein, um das Aussehen des Autos zu verbessern oder um bessere Leistung zu erzielen. Aluminium- oder Leichtmetallfelgen sind zum Beispiel leichter als Stahlfelgen und können dazu beitragen, das Gesamtgewicht des Autos zu reduzieren und die Leistung zu verbessern.

Es ist wichtig, regelmäßig den Zustand der Reifen und Räder zu überprüfen, um sicherzustellen, dass sie in gutem Zustand sind und keine Anzeichen von Beschädigungen oder Abnutzung aufweisen. Eine regelmäßige Wartung kann auch dazu beitragen, dass die Reifen länger halten und die Fahrsicherheit erhöht wird.

Zusammenfassend ist die Reifen- und Rädertechnik ein wichtiger Aspekt im Fahrzeugbau, da sie die Verbindung zur Straße herstellt und somit einen entscheidenden Einfluss auf das Fahrverhalten und die Sicherheit des Autos hat.

Reifenarten

Reifen spielen eine entscheidende Rolle für die Fahrsicherheit eines Fahrzeugs. Sie sind die einzige Verbindung zur Straße und müssen deshalb den Anforderungen des jeweiligen Einsatzgebiets gerecht werden. Es gibt viele verschiedene Arten von Reifen, die für unterschiedliche Anforderungen entwickelt wurden, wie z.B. Sommerreifen, Winterreifen, Ganzjahresreifen, Off-Road-Reifen und Leichtbaureifen.

Sommerreifen sind für warme und trockene Straßenverhältnisse ausgelegt und bieten gute Griffigkeit und Handhabbarkeit bei hohen Geschwindigkeiten. Winterreifen hingegen sind speziell für den Einsatz bei niedrigen Temperaturen und schneebedeckten Straßen entwickelt worden und besitzen eine spezielle Gummimischung, die auch bei Kälte elastisch bleibt und somit eine bessere Haftung bietet.

Ganzjahresreifen sind eine Kombination aus Sommer- und Winterreifen und sollen das Wechseln der Reifen zwischen den Jahreszeiten überflüssig machen. Obwohl sie eine gute Allrounder-Lösung bieten, haben sie in der Regel nicht die gleiche hervorragende Leistung wie spezialisierte Sommer- oder Winterreifen.

Off-Road-Reifen sind für den Einsatz auf unbefestigten Straßen und schwierigem Gelände entwickelt worden und besitzen ein tieferes Profil und gröbere Stollen, die eine bessere Traktion auf rutschigem Untergrund bieten.

Leichtbaureifen werden in der Regel in Leichtbaufahrzeugen eingesetzt, um das Gesamtgewicht des Fahrzeugs zu reduzieren und die Effizienz zu verbessern. Sie sind jedoch in der Regel nicht so langlebig wie herkömmliche Reifen und bieten auch nicht die gleiche Stabilität und Griffigkeit.

Funktionsweise von Reifen

Die Funktionsweise von Reifen ist ein wichtiger Aspekt bei der Fahrsicherheit eines Fahrzeugs. Reifen sind die einzige Verbindung zwischen dem Auto und der Straße, und es ist wichtig, dass sie richtig funktionieren, um eine gute Stabilität und Kontrolle beim Fahren zu gewährleisten.

Reifen bestehen aus Gummi und anderen Materialien, die dafür sorgen, dass sie elastisch und flexibel bleiben. Diese Eigenschaft ermöglicht es dem Reifen, sich an die Straßenbedingungen anzupassen und eine gute Haftung zu bieten.

Reifen haben auch eine wichtige Rolle bei der Dämpfung von Stößen und Unebenheiten auf der Straße. Dies ist durch die Verwendung von Gummimischungen und Reifenkonstruktionen möglich, die eine gute Stoßdämpfung bieten.

Ein weiterer wichtiger Faktor bei der Funktionsweise von Reifen ist die Profiltiefe. Profiltiefe beeinflusst die Haftung des Reifens auf nassen und rutschigen Straßenbedingungen. Es ist wichtig, dass die Profiltiefe regelmäßig überprüft und gegebenenfalls erneuert wird, um eine optimale Haftung zu gewährleisten.

Abschließend ist zu beachten, dass Reifendruck ebenfalls eine wichtige Rolle bei der Funktionsweise von Reifen spielt. Der richtige Reifendruck trägt zu einer besseren Stabilität und Kontrolle beim Fahren bei und verhindert unnötigen Verschleiß. Es ist daher wichtig, den Reifendruck regelmäßig zu überprüfen und gegebenenfalls anzupassen.

Räder und Felgen

Räder und Felgen spielen eine entscheidende Rolle für die Handhabbarkeit und das Aussehen eines Fahrzeugs. Die meisten Fahrzeuge werden mit Stahlfelgen ausgeliefert, die robust, erschwinglich und einfach zu warten sind. Aluminiumfelgen sind eine beliebte Option für ihr geringeres Gewicht und bessere Wärmeableitung. Sie verbessern auch das Aussehen eines Fahrzeugs und erhöhen seinen Wert.

Eine weitere wichtige Komponente von Rädern und Felgen sind die Reifen. Reifen müssen für den jeweiligen Einsatzbereich ausgewählt werden, um die bestmögliche Leistung und Sicherheit zu gewährleisten. Es gibt Sommerreifen, Winterreifen und Ganzjahresreifen. Jeder Typ ist auf bestimmte Wetterbedingungen ausgelegt und bietet unterschiedliche Leistungsmerkmale.

Während es wichtig ist, die richtigen Reifen auszuwählen, ist es ebenso wichtig, sicherzustellen, dass sie ordnungsgemäß aufgepumpt und ausgewuchtet sind. Ein falscher Reifendruck oder eine unausgeglichene Felge kann die Handhabbarkeit, die Kraftstoffeffizienz und die Lebensdauer der Reifen beeinträchtigen.

Zusammenfassend spielen Räder und Felgen eine wichtige Rolle für die Leistung, das Aussehen und die Sicherheit eines Fahrzeugs. Es ist wichtig, sie sorgfältig auszuwählen und zu warten, um das bestmögliche Fahrerlebnis zu gewährleisten.

Kapitel 11: Wartung und Pflege des Fahrzeugs

Die Wartung und Pflege eines Fahrzeugs ist von großer Bedeutung für seine Leistung, Effizienz und Sicherheit. Regelmäßige Inspektionen und Wartungen können Probleme früh erkennen und beheben, bevor sie zu größeren und kostspieligeren Reparaturen werden.

Die meisten Hersteller empfehlen eine jährliche Wartung, die normalerweise von einem qualifizierten Mechaniker durchgeführt wird. Dies beinhalten die Überprüfung und Wartung wichtiger Systeme wie Bremsen, Auspuff, Kühlung, Beleuchtung, Reifen und Batterie.

Die regelmäßige Reinigung des Fahrzeugs, insbesondere des Innenraums, kann auch dazu beitragen, seine Lebensdauer zu verlängern. Es ist wichtig, den Innenraum frei von Schmutz und Ablagerungen zu halten, da diese die Funktionalität von Teilen wie dem Sitz, dem Armaturenbrett und den Türen beeinträchtigen können.

Darüber hinaus ist es wichtig, regelmäßig den Ölstand zu überprüfen und gegebenenfalls zu ändern. Eine regelmäßige Überprüfung der Reifen auf Abnutzung und Luftdruck ist ebenfalls von entscheidender Bedeutung für die Fahrsicherheit.

Wartungsintervalle

Die Wartungsintervalle für ein Fahrzeug sind in der Regel vom Hersteller empfohlene Zeiträume, in denen bestimmte Wartungs- und Inspektionsarbeiten durchgeführt werden sollten, um die Leistung, Effizienz und Sicherheit des Fahrzeugs zu gewährleisten. Diese Intervalle hängen von verschiedenen Faktoren ab, wie z.B. dem Alter, dem Modell, der Art des Antriebs, dem Kilometerstand und dem Einsatz des Fahrzeugs.

Zu den häufigsten Wartungsarbeiten gehören Ölwechsel, Überprüfungen des Kühl- und Bremsensystems, des Batteriesystems, der Beleuchtungseinrichtungen, der Fahrwerksteile, der Reifen und Felgen sowie einer gründlichen Reinigung des Fahrzeugs.

Es ist wichtig, die empfohlenen Wartungsintervalle einzuhalten, um mögliche Probleme frühzeitig zu erkennen und zu beheben. Durch regelmäßige Wartung kann man auch den Wert des Fahrzeugs erhalten und Verzögerungen oder Ausfälle vermeiden.

Es ist auch ratsam, ein Wartungsjournal zu führen, um sicherzustellen, dass alle empfohlenen Wartungsarbeiten durchgeführt wurden und um eine bessere Übersicht über die Geschichte des Fahrzeugs zu erhalten.

Wartungsintervalle sind wichtig für die optimalen Leistungen und Sicherheit Ihres Fahrzeugs. Empfohlene Intervalle werden in der Bedienungsanleitung des Fahrzeugs angegeben und können je nach Hersteller und Modell variieren. Einige der wichtigsten Wartungsarbeiten sind das Ölwechseln, der Austausch von Zündkerzen und Bremsbelägen, das Überprüfen von Batterie und Kühlsystem, das Reinigen von Luft- und Kraftstofffiltern sowie das Überprüfen der Fahrwerksteile und -komponenten.

Es ist wichtig, dass Sie regelmäßig Ihr Fahrzeug überprüfen und pflegen, um den besten Fahrkomfort, die höchste Effizienz und eine längere Lebensdauer des Fahrzeugs zu garantieren. Verzögern Sie Wartungsarbeiten nicht und gehen Sie bei Unsicherheiten oder Problemen immer zu einem qualifizierten Mechaniker.

Ölwechsel

Wenn Sie ein Auto besitzen, müssen Sie irgendwann einmal den Ölwechsel durchführen. Dies ist eine einfache und wichtige Aufgabe, die dazu beiträgt, dass Ihr Auto in einwandfreiem Zustand bleibt und seine Leistung und Zuverlässigkeit erhält. Der Ölwechsel ist auch eine großartige Gelegenheit, um andere Komponenten Ihres Autos zu überprüfen und zu pflegen.

In diesem Kapitel werden wir besprechen, wie Sie den Ölwechsel an Ihrem Auto durchführen, welche Werkzeuge und Teile Sie dazu benötigen und was Sie bei der Durchführung beachten müssen. Wir werden auch über die Vorteile des regelmäßigen Ölwechsels sprechen und warum es wichtig ist, dass Sie diese Aufgabe regelmäßig durchführen.

Zunächst einmal benötigen Sie ein paar grundlegende Werkzeuge, um den Ölwechsel durchzuführen. Dazu gehören ein Ölauffangbehälter, eine Ölwanne, eine Ölschlauchpumpe, ein Ölfilterschlüssel und natürlich eine neue Flasche Öl. Stellen Sie sicher, dass Sie das richtige Öl für Ihr Auto kaufen, indem Sie die Bedienungsanleitung Ihres Autos überprüfen.

Bevor Sie mit dem Ölwechsel beginnen, sollten Sie sicherstellen, dass Ihr Auto auf einer ebenen Fläche geparkt ist und dass der Motor abgekühlt ist. Öffnen Sie dann die Motorhaube und finden Sie die Ölwanne. Entfernen Sie den Ölauffangbehälter und stellen Sie ihn unter die Ölwanne. Verwenden Sie dann die Ölauffangpumpe, um das alte Öl aus der Ölwanne abzusaugen. Stellen Sie sicher, dass Sie den Ölauffangbehälter regelmäßig überprüfen, um sicherzustellen, dass er voll ist, und entleeren Sie ihn gegebenenfalls.

Sobald Sie das alte Öl abgesaugt haben, können Sie den Ölfilter entfernen. Verwenden Sie dazu den Ölfilterschlüssel und drehen Sie den Ölfilter vorsichtig im Uhrzeigersinn. Entfernen Sie dann den alten Ölfilter und ersetzen Sie ihn durch einen neuen. Vergessen Sie nicht, ein wenig Öl auf die Dichtung des neuen Ölfilters zu geben, bevor Sie ihn einsetzen, um eine bessere Dichtung und eine längere Lebensdauer des Filters zu gewährleisten.

Als nächstes können Sie die neue Flasche Öl hinzufügen. Öffnen Sie die Flasche und gießen Sie das Öl langsam in die Ölwanne, während Sie den Ölstand überwachen. Stellen Sie sicher, dass Sie die empfohlene Menge an Öl hinzufügen, die in der Bedienungsanleitung Ihres Autos angegeben ist.

Sobald Sie das Öl hinzugefügt haben, starten Sie den Motor und lassen Sie ihn für ein paar Minuten laufen. Überprüfen Sie dann den Ölstand erneut und fügen Sie gegebenenfalls weiteres Öl hinzu, bis die korrekte Menge erreicht ist.

Der regelmäßige Ölwechsel ist von großer Bedeutung, um die Leistung und Zuverlässigkeit Ihres Autos zu erhalten. Es hilft dabei, den Motor sauber und gut geschmiert zu halten und verhindert, dass Ablagerungen und Schmutz den Motor beschädigen. Es ist auch eine großartige Gelegenheit, um andere Komponenten Ihres Autos zu überprüfen und zu pflegen, wie z.B. den Ölfilter, die Kühlflüssigkeit und die Bremsflüssigkeit.

In Schlussfolgerung kann man sagen, dass der Ölwechsel eine einfache, aber wichtige Aufgabe ist, die jeder Auto-Besitzer regelmäßig durchführen sollte. Mit den richtigen Werkzeugen und ein wenig Fachwissen können Sie den Ölwechsel schnell und einfach selbst durchführen. So bleibt Ihr Auto in einwandfreiem Zustand und Sie haben die Gewissheit, dass es Ihnen lange Zeit treu dienen wird.

Inspektion

Eine gründliche Inspektion des Fahrzeugs während eines Ölwechsels ist ein wichtiger Bestandteil des Auto-Wartungsprozesses. Es beinhaltet eine umfassende Überprüfung aller wichtigen Komponenten des Autos, um sicherzustellen, dass es in einwandfreiem Zustand ist und weiterhin sicher und zuverlässig fährt.

Ein qualifizierter Mechaniker wird bei einer gründlichen Inspektion eine Reihe von Schritten unternehmen, um sicherzustellen, dass das Auto in einwandfreiem Zustand ist. Dazu gehören:

Überprüfung der Bremsen: Die Bremsen sind eine der wichtigsten Sicherheitseinrichtungen des Autos und müssen in einwandfreiem Zustand sein. Ein Mechaniker wird den Bremsbelag und die Bremsflüssigkeit überprüfen und gegebenenfalls ersetzen.

Überprüfung der Beleuchtung: Scheinwerfer und Rückleuchten müssen funktionieren, um sicherzustellen, dass das Auto gut sichtbar ist und andere Verkehrsteilnehmer das Auto rechtzeitig erkennen können.

Überprüfung der Reifen: Ein Mechaniker wird die Reifendruck, den Profilabrieb und die Reifenkondition überprüfen. Dies hilft, sicherzustellen, dass das Auto gut handhabbar ist und sicher fährt.

Überprüfung des Kühlsystems: Ein Mechaniker wird das Kühlsystem überprüfen, um sicherzustellen, dass es richtig funktioniert und keine Undichtigkeiten aufweist.

Überprüfung des Ölstands und der Ölqualität: Ein Mechaniker wird den Ölstand überprüfen und gegebenenfalls auffüllen. Er wird auch die Ölqualität überprüfen, um sicherzustellen, dass es sauber und frei von Verunreinigungen ist.

Zusammenfassend kann man sagen, dass eine gründliche Inspektion des Fahrzeugs während eines Ölwechsels eine wichtige Maßnahme zur Aufrechterhaltung der Leistung und Zuverlässigkeit des Autos ist. Es hilft, mögliche Probleme frühzeitig zu erkennen und zu beheben, bevor sie zu größeren und teureren Reparaturen führen. Ein qualifizierter

Mechaniker kann bei einer gründlichen Inspektion des Autos auch Empfehlungen für zukünftige Wartungsarbeiten abgeben, um sicherzustellen, dass das Auto in einwandfreiem Zustand bleibt.

Es ist wichtig zu beachten, dass eine Inspektion nicht nur während eines Ölwechsels durchgeführt werden sollte, sondern regelmäßig, um sicherzustellen, dass das Auto stets in einwandfreiem Zustand ist. Es wird empfohlen, mindestens einmal im Jahr eine gründliche Inspektion durchzuführen oder je nach Herstellerangaben und Fahrbedingungen häufiger.

Inspektionen können auch dazu beitragen, die Lebensdauer des Autos zu verlängern und die Wiederverkaufswerte zu erhöhen, da potenzielle Käufer ein Auto in einwandfreiem Zustand zu schätzen wissen.

Abschließend kann man sagen, dass eine gründliche Inspektion des Fahrzeugs ein wichtiger Bestandteil des Auto-Wartungsprozesses ist und regelmäßig durchgeführt werden sollte, um sicherzustellen, dass das Auto in einwandfreiem Zustand bleibt und sicher fährt.

Kapitel 12: Fahrzeugdiagnostik

Eine Fahrzeugdiagnostik ist ein wichtiger Teil des Auto-Wartungsprozesses, der dazu beitragen kann, potentielle Probleme frühzeitig zu erkennen und zu beheben. Die Diagnostik besteht aus einer Reihe von Tests, die dazu beitragen, das Auto zu überprüfen und zu bewerten, um sicherzustellen, dass es optimal funktioniert.

Moderne Autos sind mit einem On-Board-Diagnose-System (OBD) ausgestattet, das bei der Diagnostik hilfreich sein kann. Mit diesem System kann der Mechaniker die Leistung des Autos überwachen und Daten sammeln, die bei der Diagnose von Problemen hilfreich sein können.

Eine Fahrzeugdiagnostik kann auch beinhalten, dass der Mechaniker die Elektronik des Autos überprüft, einschließlich des Zündsystems, des Kraftstoffsystems und des Abgassystems. Außerdem kann er auch den Zustand des Motors, der Bremsen und der Aufhängung überprüfen.

Es ist wichtig zu beachten, dass eine regelmäßige Fahrzeugdiagnostik dazu beitragen kann, Probleme frühzeitig zu erkennen und zu beheben, bevor sie schwerwiegender werden und teure Reparaturen erfordern. Es wird daher empfohlen, mindestens einmal im Jahr eine Fahrzeugdiagnostik durchzuführen oder je nach Herstellerangaben und Fahrbedingungen häufiger.

Fehlerspeicher auslesen

Das Auslesen des Fehlerspeichers ist ein integraler Teil des Prozesses der Fahrzeugdiagnostik. Dieser Prozess besteht darin, Informationen aus dem elektronischen Steuergerät (ECU) des Fahrzeugs zu sammeln, um mögliche Fehler oder Störungen im System zu identifizieren. Diese Informationen können dazu beitragen, dass Techniker und Mechaniker ein besseres Verständnis für das Problem entwickeln und die Diagnose effizienter durchführen können.

Das Auslesen des Fehlerspeichers kann auf verschiedene Arten erfolgen, je nach dem, welche Technologie und Ausrüstung verfügbar sind. Die meisten modernen Fahrzeuge verfügen über eine OBD-II-Schnittstelle, die es ermöglicht, Informationen aus dem ECU des Fahrzeugs auszulesen. Hierfür wird ein spezielles Diagnosegerät benötigt, das an die OBD-II-Schnittstelle angeschlossen wird.

Die Informationen, die beim Auslesen des Fehlerspeichers erfasst werden, können eine Vielzahl von Daten enthalten, darunter Fehlercodes, Sensorwerte und Systemstatus. Fehlercodes geben an, welches System oder welcher Teil des Fahrzeugs aktuell Fehler aufweist, während Sensorwerte detailliertere Informationen über den Betriebszustand des Fahrzeugs bereitstellen.

Es ist wichtig zu betonen, dass das Auslesen des Fehlerspeichers allein nicht ausreicht, um eine vollständige Diagnose durchzuführen. Es müssen weitere Überprüfungen und Tests durchgeführt werden, um das Problem genau zu identifizieren und zu beheben. Dennoch bietet das Auslesen des Fehlerspeichers eine wertvolle Informationsquelle und erleichtert den Diagnoseprozess erheblich.

Um das volle Potenzial aus dem Auslesen des Fehlerspeichers zu nutzen, ist es wichtig, dass die Person, die die Diagnostik durchführt, über umfassende Kenntnisse und Erfahrungen im Bereich der Fahrzeugdiagnostik verfügt. Nur so kann sichergestellt werden, dass das Problem schnell und effizient identifiziert und behoben wird.

Diagnosegeräte im Fahrzeug

Diagnosegeräte im Fahrzeug sind spezielle Werkzeuge, die dazu verwendet werden, die elektronischen Systeme eines Fahrzeugs zu überwachen, zu diagnostizieren und zu reparieren. Diese Geräte ermöglichen es Technikern und Mechanikern, Fehlercodes aus dem elektronischen Steuergerät (ECU) des Fahrzeugs auszulesen, Sensorwerte zu überprüfen und andere wichtige Systeminformationen zu erfassen.

Ein häufig verwendetes Diagnosegerät im Fahrzeug ist das OBD-II-Diagnosegerät. Dieses Gerät ist mit der OBD-II-Schnittstelle des Fahrzeugs verbunden und kann über ein Display Informationen zu Fehlercodes, Sensorwerten und anderen Systeminformationen bereitstellen.

Es gibt auch hochmoderne Diagnosegeräte, die eine breitere Palette an Funktionen bieten, darunter das Auslesen von Fehlercodes, das Überprüfen von Sensorwerten, das Überwachen des Betriebszustands des Motors und anderer Systeme, das Codieren und Programmieren von Steuergeräten und vieles mehr.

Ein weiteres wichtiges Merkmal von Diagnosegeräten im Fahrzeug ist, dass sie in der Lage sind, Daten auf einen Computer zu übertragen, auf dem die Daten analysiert und gespeichert werden können. Dies erleichtert den Zugang zu wichtigen Informationen und ermöglicht es Technikern, ihre Diagnosen und Reparaturen schnell und effizient durchzuführen.

Es ist wichtig zu betonen, dass Diagnosegeräte im Fahrzeug ein wichtiger Bestandteil jeder Werkstatt sind, da sie es ermöglichen, Fehler und Störungen im System schnell und effizient zu identifizieren und zu beheben. Ohne diese Geräte wäre es für Techniker schwieriger, die elektronischen Systeme eines Fahrzeugs zu überwachen und zu diagnostizieren, was zu längeren Reparaturzeiten und höheren Kosten führen würde.

Fehlerbehebung am Fahrzeug

Fehlerbehebung am Fahrzeug ist ein wichtiger Teil des Wartungs- und Reparaturprozesses. Es beinhaltet das Identifizieren und Beheben von Fehlern oder Störungen im elektronischen und mechanischen System des Fahrzeugs.

Die Fehlerbehebung beginnt in der Regel mit einer gründlichen Überprüfung des Fahrzeugs und einer Überprüfung des Fehlerspeichers, um Fehlercodes auszulesen und die Ursache des Problems zu identifizieren. Danach kann ein Techniker den Fehler durch Überprüfung von Teilen und Systemen, Tests und Messungen, Überprüfung von Schaltplänen und andere Methoden isolieren.

Wenn die Ursache des Problems identifiziert wurde, kann der Techniker das benötigte Ersatzteil oder die benötigte Reparatur vornehmen. Dies kann die Ersetzung eines Teils, eine Justierung oder eine Neujustierung eines Systems beinhalten.

Es ist wichtig, dass Fehlerbehebung am Fahrzeug von qualifizierten Technikern durchgeführt wird, da sie die notwendigen Fähigkeiten, Werkzeuge und Erfahrung besitzen, um sicherzustellen, dass das Problem vollständig behoben wurde und dass das Fahrzeug wieder sicher und zuverlässig fährt.

Eine gute Fehlerbehebung ist wichtig, um den Betrieb und die Lebensdauer des Fahrzeugs zu optimieren und die Sicherheit des Fahrers und seiner Passagiere zu gewährleisten. Außerdem kann eine effektive Fehlerbehebung dazu beitragen, die Kosten für Reparaturen und Wartung zu minimieren, indem sichergestellt wird, dass das Problem bei der ersten Reparatur vollständig behoben wurde.

Kapitel 13 Tuning und Leistungssteigerung

Tuning und Leistungssteigerung sind Maßnahmen, die von Fahrzeugbesitzern durchgeführt werden, um die Leistung und Effizienz ihres Fahrzeugs zu verbessern. Dies kann eine Vielzahl von Änderungen beinhalten, wie z.B. den Einbau von Leistungsteigerungsteilen wie Sportauspuffanlagen, Luftansaugsystemen, Motorsteuergeräten und Kraftstoffzufuhrssystemen.

Ein gutes Tuning und eine Leistungssteigerung können dazu beitragen, die Leistung und Beschleunigung des Fahrzeugs zu verbessern, wodurch es schneller und agiler wird. Es kann auch dazu beitragen, den Kraftstoffverbrauch und die CO_2-Emissionen zu reduzieren und den Betrieb des Fahrzeugs zu optimieren.

Es ist jedoch wichtig zu beachten, dass ein Tuning und eine Leistungssteigerung auch negative Auswirkungen haben können, wie z.B. eine erhöhte Belastung für die Komponenten des Fahrzeugs, eine höhere Abnutzung und eine erhöhte Wahrscheinlichkeit von Schäden.

Daher ist es wichtig, dass jegliches Tuning und jede Leistungssteigerung von erfahrenen Technikern durchgeführt werden, die die notwendigen Fähigkeiten und Werkzeuge besitzen, um sicherzustellen, dass das Fahrzeug sicher und zuverlässig bleibt. Es ist auch wichtig, dass die Änderungen an dem Fahrzeug entsprechenden gesetzlichen Vorschriften und Standards entsprechen, um die Sicherheit des Fahrers und seiner Passagiere zu gewährleisten.

Motor-Tuning

Der Klang eines aufheulenden Motors, das Zischen des Abgases, das Vibrieren des Fahrzeugs unter Volllast. All das sind Merkmale eines perfekt getunten Autos. Doch was genau ist Motor-Tuning und wie kann man es erreichen?

Motor-Tuning bezieht sich auf die Anpassung und Optimierung von Motoren, um mehr Leistung und Effizienz zu erreichen. Dies kann durch eine Reihe von Änderungen an der Hardware oder der Software des Motors erreicht werden. Einige der häufigsten Änderungen beinhalten die Erhöhung des Hubraums, die Anpassung des Lufteinlasses, die Verwendung hochwertiger Brennstoffe und Öle sowie die Installation von Leistungssteigerungs-Software.

Eine der ersten Schritte beim Motor-Tuning ist die Überprüfung der Hardware des Motors. Dies umfasst die Überprüfung von Teilen wie dem Kühlsystem, dem Lufteinlass, dem Abgas und dem Kraftstoffsystem. Durch die Überprüfung dieser Teile kann man feststellen, ob es irgendwelche Engpässe oder Beschränkungen gibt, die die Leistung des Motors beeinträchtigen.

Ein weiterer wichtiger Aspekt des Motor-Tunings ist die Wahl des richtigen Brennstoffs und Öls. Hierbei ist es wichtig, hochwertige Brennstoffe und Öle zu verwenden, die dem Motor die notwendigen Nährstoffe und Schmierstoffe liefern, um seine Leistung zu steigern.

Die Verwendung von Leistungssteigerungs-Software ist ebenfalls ein wichtiger Bestandteil des Motor-Tunings. Diese Software kann einfach auf den Computer des Autos installiert werden und ermöglicht es dem Fahrer, die Leistung des Motors anzupassen und zu optimieren. Durch die Verwendung dieser Software kann man beispielsweise den Kraftstoffverbrauch reduzieren, den Abgasausstoß verringern und die Leistung des Motors verbessern.

Das Motor-Tuning ist jedoch keine exakte Wissenschaft und es ist wichtig zu beachten, dass jeder Motor anders ist. Daher ist es wichtig, sich von einem erfahrenen Tuner beraten zu lassen, um sicherzustellen, dass die Änderungen, die am Motor vorgenommen werden, sicher und effektiv sind.

Fahrwerkstuning

Das Fahrwerk eines Autos ist das Fundament für eine sichere und angenehme Fahrt. Es beeinflusst nicht nur das Handling des Autos, sondern auch die Stabilität und den Komfort bei hohen Geschwindigkeiten. Daher ist es wichtig, das Fahrwerk richtig abzustimmen, um die bestmögliche Leistung zu erzielen.

Fahrwerkstuning bezieht sich auf die Änderung und Optimierung des Fahrwerks eines Autos, um eine bessere Handhabbarkeit und Leistung zu erreichen. Dies kann durch eine Reihe von Änderungen erreicht werden, wie z.B. die Verwendung von hochwertigen Federn und Stoßdämpfern, die Verstellung der Fahrzeughöhe und die Verwendung von hochwertigen Reifen.

Eine der ersten Schritte beim Fahrwerkstuning ist die Überprüfung des aktuellen Fahrwerks. Hierbei sollte man sicherstellen, dass alle Teile in einwandfreiem Zustand sind und keine Anzeichen von Verschleiß aufweisen. Wenn notwendig, sollten diese Teile ersetzt werden.

Eine weitere wichtige Maßnahme beim Fahrwerkstuning ist die Verwendung von hochwertigen Federn und Stoßdämpfern. Diese Teile tragen dazu bei, dass das Fahrzeug besser auf der Straße haftet und eine bessere Stabilität und Handhabbarkeit bietet. Darüber hinaus kann man durch die Verstellung der Fahrzeughöhe die Aerodynamik und die Handhabbarkeit verbessern.

Ein weiterer wichtiger Aspekt des Fahrwerkstunings ist die Verwendung hochwertiger Reifen. Diese Reifen bieten einen besseren Grip auf der Straße und ermöglichen es dem Fahrer, das Auto besser zu kontrollieren.

Das Fahrwerkstuning ist jedoch keine exakte Wissenschaft und es ist wichtig, sich von einem erfahrenen Tuner beraten zu lassen, um sicherzustellen, dass die Änderungen am Fahrwerk sicher und effektiv sind. Es ist auch wichtig zu beachten, dass jedes Auto und jeder Fahrstil unterschiedlich sind und daher unterschiedliche Anforderungen an das Fahrwerk stellen.

Zusammenfassend lässt sich sagen, dass wichtiger Aspekt des Auto-Tunings ist, um eine optimale Kombination aus Handhabbarkeit und Leistung zu erreichen. Es erfordert jedoch ein tiefes Verständnis des Fahrwerks und die Verwendung hochwertiger Teile, um die besten Ergebnisse zu erzielen. Indem man sorgfältig die Änderungen am Fahrwerk durchführt und sich von erfahrenen Tunern beraten lässt, kann man sein Auto auf ein neues Niveau bringen und ein unvergessliches Fahrerlebnis genießen.

Leistungssteigerung durch Chip-Tuning

Chip-Tuning ist eine beliebte Methode zur Leistungssteigerung von Autos. Dabei wird das Steuergerät (ECU) des Autos optimiert, um die Leistung und das Drehmoment des Motors zu erhöhen.

Das Steuergerät des Autos ist für die Regulierung der Motordrehzahl, der Kraftstoffzufuhr und der Abgasemissionen verantwortlich. Durch das Chip-Tuning werden die Softwareeinstellungen im Steuergerät verändert, um die Leistung und das Drehmoment des Motors zu verbessern.

Ein gutes Chip-Tuning kann die Leistung des Autos um bis zu 30% erhöhen und das Drehmoment um bis zu 20%. Dies führt zu einer besseren Beschleunigung und einer höheren Höchstgeschwindigkeit.

Chip-Tuning ist jedoch keine exakte Wissenschaft und es ist wichtig, sich von einem erfahrenen Tuner beraten zu lassen, um sicherzustellen, dass die Änderungen am Steuergerät sicher und effektiv sind. Darüber hinaus sollte man bedenken, dass ein zu starkes Chip-Tuning die Lebensdauer des Motors beeinträchtigen und den Kraftstoffverbrauch erhöhen kann.

Wichtig zu beachten ist auch, dass Chip-Tuning oft nicht mit den Garantiebedingungen des Herstellers vereinbar ist. Daher sollte man sicherstellen, dass man über alle möglichen Risiken und Konsequenzen informiert ist, bevor man sich für ein Chip-Tuning entscheidet.

Zusammenfassend kann man sagen, dass Chip-Tuning eine effektive Methode zur Leistungssteigerung von Autos ist, aber es erfordert ein tiefes Verständnis des Steuergeräts und die Verwendung erfahrener Tuner, um sicherzustellen, dass die Änderungen sicher und effektiv sind. Indem man sorgfältig über die möglichen Risiken und Konsequenzen informiert ist, kann man die Leistung seines Autos verbessern und ein unvergessliches Fahrerlebnis genießen.

Kapitel 14: Alternative Antriebstechnologien

In den letzten Jahren hat es eine Explosion von Forschung und Entwicklung im Bereich alternative Antriebstechnologien gegeben. Unternehmen und Regierungen auf der ganzen Welt investieren Milliarden in die Entwicklung von Technologien, die sauberer, effizienter und nachhaltiger sind als die traditionelle Verbrennungsmotortechnologie.

Ein großer Fokus liegt auf Elektromobilität. Elektrofahrzeuge werden durch einen oder mehrere Elektromotoren angetrieben und ihre Batterien können an einer Steckdose oder an einer öffentlichen Ladesäule aufgeladen werden. Diese Fahrzeuge sind weitgehend geräuschlos, produzieren keine Abgase und haben eine höhere Effizienz als herkömmliche Verbrennungsmotoren.

Hydrogen-Fuel-Cell-Fahrzeuge sind eine weitere alternative Antriebstechnologie, die aufkommt. Diese Fahrzeuge nutzen Wasserstoff als Treibstoff und produzieren bei der Reaktion mit Sauerstoff lediglich Wasserdampf als Abfallprodukt. Diese Technologie bietet eine lange Reichweite und kurze Ladezeiten, aber es gibt noch Herausforderungen bei der Infrastruktur für den Wasserstofftankstellen.

Biodiesel und Biokraftstoffe, die aus nachwachsenden Rohstoffen wie Pflanzenöl oder Algen hergestellt werden, stellen eine weitere alternative Antriebstechnologie dar. Diese Technologien bieten eine reduzierte Abhängigkeit von fossilen Brennstoffen und eine Verringerung der CO_2-Emissionen im Vergleich zu herkömmlichen Diesel- und Benzinmotoren.

Es gibt auch Fortschritte bei Hybridantriebstechnologien, die sowohl einen Elektromotor als auch einen Verbrennungsmotor nutzen, um eine höhere Effizienz und eine reduzierte Emissionen zu erreichen.

Die Automobilbranche befindet sich auf einem rapide wandelnden Terrain und alternative Antriebstechnologien werden eine immer größere Rolle spielen. Es ist wichtig, die Vor- und Nachteile dieser Technologien zu verstehen, um zu beurteilen, welche die beste Wahl für den eigenen Bedarf ist.

Zusammenfassend kann man sagen, dass alternative Antriebstechnologien eine vielversprechende Zukunft für die Automobilbranche darstellen. Durch ihre Fokussierung auf Nachhaltigkeit und Effizienz bieten sie die Möglichkeit, die Herausforderungen des Klimawandels zu bewältigen und gleichzeitig den Bedürfnissen von Fahrern gerecht zu werden.

Es ist jedoch auch wichtig zu beachten, dass der Übergang zu alternative Antriebstechnologien Zeit und Investitionen erfordern wird. Es wird wichtig sein, die Infrastruktur zu entwickeln, um diese Technologien zu unterstützen, und die Kosten für die Überwindung von Hindernissen, wie die hohen Kosten für Elektrofahrzeuge, müssen in Angriff genommen werden.

Trotz dieser Herausforderungen ist die Zukunft von alternative Antriebstechnologien hell und es bleibt spannend zu beobachten, wie sich die Technologien weiterentwickeln und wie sie den Markt und die Art und Weise, wie wir fahren, verändern werden. Es ist Zeit, den Übergang zu einer nachhaltigeren Zukunft im Automobilsektor zu beschleunigen.

Hybridfahrzeuge

Hybridfahrzeuge sind eine der wichtigsten Entwicklungen in der Automobilbranche und stellen eine Übergangstechnologie dar, die auf dem Weg zur Elektromobilität eine wichtige Rolle spielt. Sie kombinieren einen konventionellen Verbrennungsmotor mit einem Elektromotor und einer Batterie, um eine effizientere und umweltfreundlichere Fahrerfahrung zu bieten.

Die Vorteile von Hybridfahrzeugen sind vielfältig. Zum Beispiel verbessern sie die Kraftstoffeffizienz und reduzieren die CO_2-Emissionen, indem sie den Verbrennungsmotor unterstützen oder sogar ersetzen, wenn es möglich ist. Darüber hinaus bieten sie eine bessere Leistung und ein besseres Fahrerlebnis, da der Elektromotor eine zusätzliche Kraftquelle liefert.

Ein weiterer Vorteil von Hybridfahrzeugen ist ihre Fähigkeit, Strom aus der Bremsenergie zurückzugewinnen und in die Batterie zurückzuführen, was die Lebensdauer der Batterie verlängert und den Bedarf an externem Strom reduziert.

Trotz ihrer Vorteile gibt es auch Herausforderungen bei der Verbreitung von Hybridfahrzeugen. Eine der größten Herausforderungen ist die hohe Anfangsinvestition, die erforderlich ist, um ein Hybridfahrzeug zu erwerben. Darüber hinaus müssen auch die notwendigen Infrastrukturen, wie Ladestationen, entwickelt werden, um die Verwendung von Hybridfahrzeugen zu erleichtern.

Trotz dieser Herausforderungen ist die Zukunft von Hybridfahrzeugen vielversprechend und es bleibt abzuwarten, wie sich die Technologie weiterentwickeln und wie sie den Markt beeinflussen wird. Es ist wichtig, weiterhin in die Entwicklung von Hybridfahrzeugen zu investieren, um eine nachhaltigere Zukunft für die Automobilbranche zu schaffen.

Elektrofahrzeuge

Elektrofahrzeuge stellen die Zukunft der Fortbewegung dar und bieten eine umweltfreundliche Alternative zu traditionellen Verbrennungsmotoren. Sie sind vollständig elektrisch angetrieben und benötigen keine Fossilbrennstoffe, um zu fahren. Stattdessen werden sie mit Strom aus erneuerbaren Energien betrieben, was zu einer deutlichen Reduzierung der CO_2-Emissionen führt.

Elektrofahrzeuge bieten auch ein besseres Fahrerlebnis, da sie leise, komfortabel und reaktionsschnell sind. Darüber hinaus sind sie auch wirtschaftlicher in Bezug auf den Kraftstoffverbrauch und die Wartungskosten.

Eine der größten Herausforderungen bei der Verwendung von Elektrofahrzeugen ist jedoch die begrenzte Reichweite, die aufgrund des aktuellen Standes der Technologie besteht. Auch die Verfügbarkeit von Ladestationen und die Dauer des Ladevorgangs stellen eine Herausforderung dar.

Trotz dieser Herausforderungen ist die Zukunft von Elektrofahrzeugen vielversprechend und es ist wichtig, in die Entwicklung und Verbreitung dieser Technologie zu investieren, um eine nachhaltigere Zukunft für die Automobilbranche zu schaffen. Es ist erwartet, dass sich die Reichweite und die Verfügbarkeit von Ladestationen in den kommenden Jahren weiter verbessern werden, was die Verwendung von Elektrofahrzeugen noch attraktiver und zugänglicher machen wird.

Brennstoffzellen-Fahrzeuge

Brennstoffzellen-Fahrzeuge stellen die neueste Technologie in Bezug auf umweltfreundliche Fortbewegung dar. Im Gegensatz zu Elektrofahrzeugen, die ausschließlich mit Strom betrieben werden, nutzen Brennstoffzellen-Fahrzeuge eine Kombination aus Wasserstoff und Sauerstoff, um Strom zu erzeugen. Dies führt zu einer effizienten Nutzung der Energie und zu einer nahezu nullen CO_2-Emission.

Brennstoffzellen-Fahrzeuge bieten auch eine ähnliche Reichweite wie traditionelle Verbrennungsmotoren und können in weniger als 5 Minuten vollständig aufgeladen werden. Darüber hinaus bieten sie ein besseres Fahrerlebnis, da sie leise, komfortabel und reaktionsschnell sind.

Eine der größten Herausforderungen bei der Verwendung von Brennstoffzellen-Fahrzeugen ist jedoch die begrenzte Verfügbarkeit von Wasserstoff-Tankstellen. Auch die hohen Kosten für die Entwicklung und Produktion von Brennstoffzellen-Fahrzeugen stellen eine Herausforderung dar.

Trotz dieser Herausforderungen ist die Zukunft von Brennstoffzellen-Fahrzeugen vielversprechend und es ist wichtig, in die Entwicklung und Verbreitung dieser Technologie zu investieren, um eine nachhaltigere Zukunft für die Automobilbranche zu schaffen. Es ist erwartet, dass sich die Verfügbarkeit von Wasserstoff-Tankstellen und die Kosten für Brennstoffzellen-Fahrzeuge in den kommenden Jahren weiter verbessern werden, was die Verwendung von Brennstoffzellen-Fahrzeugen noch attraktiver und zugänglicher machen wird.

Kapitel 15: Zukunft der Kraftfahrzeugtechnik

Die Zukunft der Kraftfahrzeugtechnik ist voller spannender Entwicklungen und Innovationen. Die Automobilbranche befindet sich im Wandel und es ist unklar, welche Technologien die Zukunft dominieren werden. Eines ist jedoch sicher: Nachhaltigkeit und Effizienz werden immer wichtiger.

Eine der wichtigsten Entwicklungen in der Zukunft wird die fortschreitende Elektrifizierung sein. Elektrofahrzeuge werden sich weiter verbessern und verbreiten, während Brennstoffzellen-Fahrzeuge immer beliebter werden. Auch alternative Antriebstechnologien wie Hybridfahrzeuge werden eine wichtige Rolle spielen.

Ein weiterer Trend in der Zukunft der Kraftfahrzeugtechnik ist die Vernetzung von Fahrzeugen. Fahrzeuge werden mit dem Internet verbunden sein und über moderne Technologien wie künstliche Intelligenz, Machine Learning und Datenanalyse miteinander kommunizieren. Dies wird die Verkehrssicherheit verbessern und eine reibungslosere Verkehrssteuerung ermöglichen.

Schließlich werden autonome Fahrzeuge eine wichtige Rolle in der Zukunft der Kraftfahrzeugtechnik spielen. Diese Fahrzeuge werden in der Lage sein, ohne menschliche Intervention zu fahren und werden den Verkehr sicherer und effizienter machen.

Insgesamt ist die Zukunft der Kraftfahrzeugtechnik voller Möglichkeiten und Herausforderungen. Es ist jedoch klar, dass die Automobilbranche im Wandel begriffen ist und dass wir uns auf eine Zukunft freuen können, die von Effizienz, Nachhaltigkeit und innovativen Technologien geprägt ist.

Trends in der Automobilbranche

Die Automobilbranche ist ständig im Wandel und es gibt eine Reihe von Trends, die die Branche in den kommenden Jahren beeinflussen werden. Einige dieser Trends sind:

Elektrifizierung: Elektromobilität wird immer wichtiger und es wird erwartet, dass Elektrofahrzeuge und Brennstoffzellen-Fahrzeuge in Zukunft eine immer größere Rolle spielen werden.

Vernetzung: Fahrzeuge werden immer stärker mit dem Internet verbunden sein und über moderne Technologien wie künstliche Intelligenz, Machine Learning und Datenanalyse miteinander kommunizieren.

Autonome Fahrzeuge: Autonome Fahrzeuge werden in Zukunft eine immer wichtigere Rolle spielen und den Verkehr sicherer und effizienter machen.

Nachhaltigkeit: Die Automobilbranche wird immer stärker auf Nachhaltigkeit ausgerichtet sein und es wird erwartet, dass die Branche ihre Bemühungen um eine nachhaltigere Zukunft verstärken wird.

Personalisierung: Kunden werden immer stärker nach individuell angepassten Fahrzeugen suchen und die Automobilbranche wird auf diese Nachfrage reagieren, indem sie immer mehr personalisierte Optionen anbietet.

Insgesamt wird die Automobilbranche in Zukunft von Elektrifizierung, Vernetzung, Autonomie, Nachhaltigkeit und Personalisierung geprägt sein. Es ist jedoch unklar, welche Technologien und Trends am Ende die Branche dominieren werden, aber es ist klar, dass die Automobilbranche im Wandel begriffen ist und sich weiter entwickeln wird.

Entwicklungen in der Elektromobilität

Elektromobilität ist eines der heißesten Themen in der Automobilbranche und es gibt eine Reihe von Entwicklungen, die die Branche in den kommenden Jahren beeinflussen werden. Einige dieser Entwicklungen sind.

Reichweite: Die Reichweite von Elektrofahrzeugen wird in Zukunft immer weiter zunehmen und es wird erwartet, dass Elektrofahrzeuge in Zukunft eine vergleichbare Reichweite wie Benzinfahrzeuge haben werden.

Ladeinfrastruktur: Die Ladeinfrastruktur für Elektrofahrzeuge wird immer besser und es wird erwartet, dass in Zukunft überall schnelle Ladeoptionen verfügbar sein werden.

Kosten: Die Kosten für Elektrofahrzeuge werden in Zukunft immer weiter sinken und es wird erwartet, dass Elektrofahrzeuge in Zukunft kosteneffizienter sein werden als Benzinfahrzeuge.

Design: Das Design von Elektrofahrzeugen wird immer ansprechender und es wird erwartet, dass Elektrofahrzeuge in Zukunft immer attraktiver aussehen werden.

Leistung: Die Leistung von Elektrofahrzeugen wird immer besser und es wird erwartet, dass Elektrofahrzeuge in Zukunft immer stärker und schneller werden.

Insgesamt wird Elektromobilität in Zukunft von besserer Reichweite, besserer Ladeinfrastruktur, geringeren Kosten, besserem Design und besserer Leistung geprägt sein. Es ist jedoch unklar, wie schnell sich diese Entwicklungen vollziehen werden, aber es ist klar, dass Elektromobilität eine immer wichtigere Rolle in der Automobilbranche spielen wird.

Autonomes Fahren

Autonomes Fahren ist eine der bemerkenswertesten Entwicklungen in der Automobilbranche und es wird erwartet, dass es in Zukunft eine immer wichtigere Rolle spielen wird. Autonomes Fahren bedeutet, dass ein Fahrzeug selbstständig fährt, ohne dass ein menschlicher Fahrer das Steuer übernehmen muss.

Es gibt eine Reihe von Vorteilen, die das autonome Fahren bietet, wie z.B.:

Verkehrssicherheit: Autonomes Fahren kann die Verkehrssicherheit verbessern, indem es menschliche Fehler eliminiert, die oft zu Verkehrsunfällen führen.

Effizienz: Autonomes Fahren kann den Verkehr effizienter machen, indem es eine bessere Verkehrssteuerung und -verwaltung ermöglicht.

Bequemlichkeit: Autonomes Fahren kann Fahrgästen eine bequemere Reise ermöglichen, da sie sich während der Fahrt entspannen können, anstatt selbst zu fahren.

Mobilität für alle: Autonomes Fahren kann Mobilität für Menschen ermöglichen, die sonst nicht in der Lage wären, selbst zu fahren, wie z.B. ältere Menschen oder Menschen mit eingeschränkter Mobilität.

Es gibt jedoch auch einige Herausforderungen, die es bei der Entwicklung des autonomen Fahrens zu überwinden gilt, wie z.B.:

Technologie: Die Technologie für das autonome Fahren muss weiter entwickelt werden, um sicherzustellen, dass das System zuverlässig funktioniert.

Gesetzgebung: Es müssen Gesetze und Vorschriften erlassen werden, um das autonome Fahren zu regeln.

Akzeptanz: Es muss eine hohe Akzeptanz für das autonome Fahren geschaffen werden, damit es von den Menschen angenommen wird.

Insgesamt wird das autonome Fahren in Zukunft eine immer wichtigere Rolle in der Automobilbranche spielen, aber es wird noch einige Zeit dauern, bis es weit verbreitet eingesetzt wird. Trotzdem ist es eine spannende Entwicklung, die viele Möglichkeiten bietet und die Mobilität für alle Menschen verbessern wird.